技 术 视 阈

——解读建筑现象与形态创新的新维度

黄 锰 著

U0293003

中国建筑工业出版社

图书在版编目（CIP）数据

技术视阈—— 解读建筑现象与形态创新的新维度/黄
锰著. —北京：中国建筑工业出版社，2012.9
ISBN 978 - 7 - 112 - 14491 - 4

Ⅰ.①技… Ⅱ.①黄… Ⅲ.①建筑学 – 研究 Ⅳ.①TU

中国版本图书馆 CIP 数据核字（2012）第 153164 号

　　本书基于历史和当代的双重视角，以建筑技术的全面表现作为客体考察对象，从建筑技术的历史脉络、建筑技术的本质特征、建筑技术的多元表现和建筑技术的时代倾向四个方面着手，研究了建筑技术与建筑创作的本质关联问题。作者指出，创作中建筑师应当把技术构思、技术意识和技术方法上升为一种整体综合的建筑技术观念，关注建筑的本体建造与组成要素的技术内涵，关注建筑同自然、社会、文化的技术外延，更自觉地以科学的态度和人文的精神，践行技术的真正使命，达到生态、和谐、永续的理想境界。

　　本书可供建筑学、建筑工程、建筑设备等相关学科的师生及从业者参考。

*　　　*　　　*

责任编辑：许顺法　陆新之
责任设计：叶延春
责任校对：姜小莲　赵　颖

技 术 视 阈
——解读建筑现象与形态创新的新维度
黄　锰　著
*
中国建筑工业出版社出版、发行（北京西郊百万庄）
各地新华书店、建筑书店经销
北京永铮有限责任公司制版
北京世知印务有限公司印刷
*
开本：787×1092 毫米　1/16　印张：7¾　字数：187 千字
2012 年 11 月第一版　2012 年 11 月第一次印刷
定价：**25.00** 元
ISBN 978 - 7 - 112 - 14491 - 4
（22558）

摘　要

人类社会发展已经进入了技术主导的 21 世纪，技术作为一种重要的文明元素和社会文化现象，正在改变着客观的物质世界和人们主观的意识形态，进而对人类的总体思维方式和价值体系产生了根本性的影响。

在科技文明变革的整体背景下，技术发展导致建筑领域产生了一系列的巨大变化。加剧了建筑的复杂态势，同时技术观念也出现了分化与整合的趋势，传统的建筑学处于变革的十字路口。人类建造活动在各个环节阶段、各个分支领域都取得了长足进步；工程力学、材料技术、设备配套等领域的最新成果被不断地应用到建筑中来；数字技术在建筑行业的全面应用几乎彻底改变了设计创作的模式；系统科学、管理科学等软技术手段也起到了程序优化和效率的作用。

本书从历史与当代的创作视角架构了对技术的考察框架。认为材料技术、构造技术和结构技术是建造活动的开端，是建筑最原始、最直接的建造手段，是建筑技术的源头，并且此三者与建筑的形体、空间、界面等的视觉效果关联最为密切，是建筑师最该掌握的基本技术手段。对创作技术观的考察也应该由源头入手，因此，本书从材料、构造与结构的技术逻辑着手，重视观照建筑的本体性问题，并由此展开对技术与建筑创作之间的探讨。

本书首先梳理了技术在整个建筑历史中的表象，以时间为线索，分阶段辨析，对每一阶段的技术特点进行了概括，提炼了不同阶段的技术及其观念的运用特点。其次，用逻辑学"现象—本质"的分析方法，从剖析技术内涵及外延着手，提出了技术与建筑互动机制的三个特征，针对每个方面的技术特征进行解析，揭示了技术变化与建筑发展之间的本质内因。再次，通过对当代技术现象的梳理，建构了技术表现的当代视野，并从社会、经济和文化思潮角度，探讨了各种技术表现产生的根源。最后，从技术价值的角度，提出了技术发展的求真、至善、趋美的三个当代倾向，对每个倾向的要素组成进行深入分析，从而揭示出技术发展倾向中更为根源性的问题。

本书指出，创作中建筑师应当把技术构思、技术意识和技术方法上升为一种整体综合的建筑技术观念，关注建筑的本体建造与组成要素的技术内涵，关注建筑同自然、社会、文化的技术外延，更自觉地以科学的态度和人文的精神，践行技术的真正使命，达到生态、和谐、永续的理想境界。

目　　录

第1章 建筑技术的十字路口

Architecture begins where two bricks are carefully jointed together. [1]

——Mies van der Rohe

1.1 技术视阈与时代维度

1.1.1 总体视阈

在人类历史的长河中，建筑是人类文明发展的重要线索，记载着文明前进的每一步足迹。在宏大绚烂的历史画卷中，正是技术照亮了建筑的进程，孕育了一个又一个人类的奇迹。密斯·凡·德·罗（Mies van der Rohe，1886~1969）曾说："技术根植于过去、主宰着现在、并伸向未来……"[2]技术作为一种历史现象，它贯穿于人类社会发展的始末；作为一种社会现象，它充当着文明进步的使者；作为一种文化现象，它根植于人类的理性与智慧之中。

当代建筑呈现出复杂与多元的发展态势，地区间的技术差异不断扩大。发达国家技术成熟，引领着技术发展的方向；发展中国家建筑业兴旺、技术引进积极，成为国际潮流展示的舞台；经济欠发达地区技术发展滞缓，仍然进行着自发的乡土化建造（图1-1）。技术作为一种现象，其背后涉及多个层面的背景根源。就建筑创作来说，地区间的技术滞差与主体技术观念的价值取向，是产生差异的原因之一。因此，对技术在建筑演进中的纵向梳理，以及从哲学、美学等人文领域的吸纳入手，分析当代技术和建筑的关系，显得尤为必要。

技术与建筑共生，人类通过技术手段建造房屋，技术也就有了存在的意义；技术进步推动着建筑发展，离开技术则无法谈及建筑的演化；技术主导着建筑的走向，任何建筑的未来在本质上皆根源于其技术运用的过程。建筑需要服从于客观的实体物质结构，并处于一个不同于其他艺术的独特领域——在其他艺术中，制约创作的技术手段都不会像建筑

图1-1 1964年没有建筑师的建筑艺术成就首次获得国际承认[3]

那样具有如此决定性的意义。建筑在很大程度上是由与设计者个性无关的技术法则所确定的，这些法则涉及广泛，以至于可以构成一整套专业科目。[4]历史上的建筑经典之作都表现出艺术与技术的高度统一。从文艺复兴时期的佛罗伦萨大教堂到中国辽宋时期的应县木

塔。前者为砖石混砌的大跨结构，体现了当时先进的技术工艺；后者为全木榫卯联结，是木构技术的杰出代表。我们很难分辨究竟是其精巧的艺术构思、还是其技术上的成就感染了我们（图1-2）。一个技术完善的作品，可能有艺术方面的不足；却没有一个在美学上公认的杰作在技术上却不是一个优秀作品的。由此看来，具备良好的技术要素对于优秀的建筑来说，虽然不是充分条件，但却是必要条件。建筑不是技术与艺术的简单相加，更不是此消彼长的二元对立，而是相互促进、不可分割的有机整体。

(a) *(b)*

图1-2　艺术与技术结合的经典之作

（*a*）意大利文艺复兴时期佛罗伦萨大教堂；（*b*）中国辽代应县木塔[5]

然而，当前建筑中技艺疏离的情况正在加大。原因有两个方面：一是建筑师基本脱离了结构工程专业，创作者的技术角色在减弱；二是建筑师基本不参与"亲身"建造，以往实践性的工作大部分被图纸性的工作所取代。创作中的专业分工逐渐形成了建筑师对艺术思潮、空间形态和表现形式的关注，而忽视了对技术工艺的研究探讨。在建筑实践中，建筑师的技术意识和解决问题的技术手段间的巨大差异，也是制约创作和建造的主要瓶颈之一。

1.1.1.1　科技的时代背景

这是一个由科技决定的时代。当代科技飞速发展，技术是知识的物化手段，表现出了"科学的技术化和技术的科学化"的时代特征。[6]

（1）科学背景：学科打破边界、交叉融合，是当代科学发展的趋势。科学理论成果首先作用于技术实践，再通过技术手段作用于建筑；同时，科学理论的发展也会改变现有的思维范式，进而在观念层面对建筑创作产生影响（图1-3）。在这种大的背景下，出现了许多跨学科的横断科学，诸如复杂性科学、混沌理论、分形学等。这些理论的研究与应用，对建筑设计和建造过程或多或少地产生了一些影响。比如，复杂性科学理论对研究城市空间形态理论的影响、分形学在建筑形态方面的启发、协同学对于城乡统筹发展的借鉴等。新科学是学界理论研究的前沿热点，从相关学科的引入角度，推动了建筑理论向纵深发展（图1-4）。

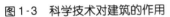

图1-3　科学技术对建筑的作用　　　　　图1-4　生物簇群结构与建筑形态[7]

（2）技术背景：技术在社会生活中的地位与作用日渐突出，不但正在改变着客观的物质世界，同时也影响着我们主观的意识形态和价值体系。技术文明形成了"资源→产品→商品→消费品"的链条[8]，随着这一链条的强化，不仅构筑了人对技术世界的进一步依赖，同时也形成了一种以技术理性意识和技术文明为主导的整体语境。同时，人们的审美取向转向了以技术美学为主的认知接受模式。技术应用容易受到政治、经济、文化和民族传统等社会条件的制约，尽管科学无国界，但是技术毕竟不等同于科学，技术现象是其所处背景环境的综合反映。而建筑技术更是环境、文化和经济等各方面因素的集中体现，并深植于人类整体的技术大环境之中。

1.1.1.2　建筑的双重走向

全球化和地域化是建筑发展的两重趋势。一方面，在纽约、北京和迪拜等大规模的城市建设中，建筑表现出强烈的跨越疆域的国际化与现代化（图1-5），建筑风格趋同、建造方式接近、技术手段相似，建筑并没有表现出明显的地区差异；另一方面，坚持走本土化路线和采用传统技术的建筑仍然具有强大的生命力。北欧建筑形态适应严寒、注重地方技术与材料的运用；南亚热带建筑注重遮阳与通风、利用乡土低技术来建造；日本建筑重视传统，注重利用现代技术手段与民族传统的融合等。从社会进步角度去审视，建筑进步离不开全球化和地域化，反过来建筑又推动了全球化和地域化的趋势。

图1-5　纽约、迪拜和北京 CBD[9]

3

全球化有利于地方建筑的现代化进程，但同时也在消解着各具特色的地方传统文化。现代技术转移确实能够产生跨越民族和地域差异的巨大冲击力，同时民族和地方的文化传统也明显地表现出一种抗拒的适应性和生命力。现代技术虽然能够适应现代文明的要求，但又缺乏地方文化特色。在发展中国家，积极吸收和引进国外先进技术，促进了本国技术与经济迅速发展，缩短了与发达国家的差距。技术在地域化、本土化的过程中，实质上也为文化的形成和地区的个性提供更多的条件，比如新喀里多尼亚首府努美阿的让·吉巴欧文化艺术中心就是形成当地文化标志的成功例子（图1-6）。但是，伴随着外来技术与文化导入，本土技术与文化受到严重冲击，其结果可能使本国民族文化弱化、异化，甚至丧失独立性而走向崩溃。这种两难的选择是技术转移过程中存在的深层问题。

图1-6 新喀里多尼亚努美阿的吉巴欧文化艺术中心[10]

1.1.1.3 创作的技术困惑

中国建筑活动繁荣，同时也给建筑创作带来了困惑。技术观念的误区、技术应用的差距、技术理论与实践脱节是产生困惑的三个主要方面。就技术观念而言，有两方面的误区由来已久：一是漠视，体现为在创作中对技术因素的忽视，执著于形态而导致形式主义；在技术应用上因循守旧，把技术当做简化问题的手段；依赖表面化的技术，依靠标准图集和惯用做法，导致创作陷入僵化，难以有所突破。二是膜拜，创作中认为技术是解决一切问题的"万能钥匙"，从"表现技术"到"炫耀技术"、"为技术而技术"，使创作走向了另一个极端。以上两种技术观念的误区，使创作陷入困惑的境地，以至于近年来重提关于"实用、坚固、美观"的讨论。对创作来说，技术是一把"双刃剑"，既能给创作提供强大的手段支撑，产生好的作品，也因技术瓶颈而限制了创作的愿望。另外，技术催生了像埃菲尔铁塔、悉尼歌剧院、鸟巢等"伟大"的建筑，但同时也带来了技术与经济、结构与空间之间的观念之争，这更涉及人如何运用技术的观念问题。

在市场繁荣中，中国的CCTV大楼和"鸟巢"等建筑以"纯西方"的形象出现，虽具有技术与形式的独创，但并不代表其理念和技术手段符合建筑的本源。在所谓"科技创新理念"招牌下，夸张多变的形态表现则成了衡量决策者、设计者乃至大众思想是否"进步"和"落后"的标准；而建筑业内人士也并非能保持冷静，进而盲目追随，造成了一批徒有高技术的外观形式而不具技术内涵实质的建筑，使得作品难免流于表面形式的矫情之中。

在整体建筑环境繁荣发展的洪流下，必须清醒地认识到中国的国情，背弃了传统技术的现代化易导致殖民文化；而背向现代化技术的传统则是走向衰亡的传统。技术创新不是割断过去，而是要揭示一个新秩序。这个新秩序至少部分地根植于原来的传统中，从传统中汲取营养，在现在中映射未来。技术的原装进口，值得讨论；一味追寻高技术的做法也有必要进行探究。因此，对当下技术与建筑相互作用的深层讨论，或许能为今日创作之困惑作出一些有益回应。

创作实践中的技术差距，往往使作品流于形式上的模仿，而无法对先进技术进行深入了解和付诸实施。古罗马的石砌发券与中国的木构榫卯，分别发展完善了各自的体系。及至当下，技术就像一道巨大的鸿沟，隔开了中西方建筑创作实践的距离。古代"形而之上谓之道，形而之下谓之器"的重道轻器思想至今仍有延伸。在理论研究中，对技术观念、价值、应用和手法层面的研究相对较少，建筑师对建筑技术的被动接受与对形式塑造的激情亢奋形成了鲜明的对比。认识上的偏差会导致创作中技术含量不足，进一步加大了差距，这也是建筑实践中需要转变的观念。

与当今中国正在进行的规模空前的建设相比，建筑理论发展则显得缓慢。理论与实践严重脱节，以至于在设计和建造中出现了较大的盲目性。创作中不顾功能和技术的合理性、单纯追求表面形式的现象屡见不鲜。建筑师为实践而实践，理论上的滞后严重影响了建筑实践，大大损伤了理论本身存在的作用和意义。建筑师不一定要成为博学精深的理论学者，但也不应该成为只会依照规范图集，高度重复的"体力型生产者"，不善"驾驭"，便会成为技术的"奴隶"。因此，建筑创作需要加强技术修养、技术理论、技术意识，重视观念与实践之间的结合，而技术应用则是两者之间最适宜的桥梁。

1.1.2 研究维度

（1）拓宽建筑理论：技术视角下的建筑创作研究是建筑理论的重要组成部分。从技术观念视角来衡量建筑的多元价值、评价建筑作用、剖析建筑的复杂现象，能够系统、全面和深入地为建筑创作提供理论支撑。钱学森于1996年提出，将建筑科学作为现代科学技术体系中的第十一个门类，这被看做是现代科学技术体系发展的里程碑。他提出建筑技术理论包括："理论研究——基础理论层次，直接改造客观世界的工程技术——应用技术层次，和介乎于两者之间的技术科学层次"。第一层次是真正的建筑学，第二层次是建筑技术性理论，第三层次是工程技术。[11]介于两层之间的技术理论，是联系宏观理论与具体工程实施的桥梁和纽带，是中观的转换层次，也是理论体系研究中较欠缺的。因而有必要进行系统深入的研究。这将拓宽建筑创作理论的视野，具有理论的借鉴意义和观念价值。

（2）夯实建筑实践：技术观念是创作观念的一部分，如何运用技术手段创作出更好的作品，或者在作品中更好地进行技术表现，这在建筑实践中具有重要的意义。我们可以看到一个中标的方案或者建筑的落成，但这仅仅是建筑创作的结果，我们很难看到建筑师运用技术的过程与作品间的联系，即使最后相当趋同的方案也似乎存在着多种技术手段运用的过程。从技术角度看待这个过程的科学性、多样性和复杂性，无疑会丰富建筑创作实践的技术视角，对建筑创作有实践指导意义。

（3）提升技术意识：创作观念中包含着程度不同、指向不同的技术意识，这也是导致建筑作品差异化的原因之一。目前，在市场和经济压力下，建筑师已经被施工图生产牢牢束缚。在技术设计阶段，过分依赖规范图集和标准节点；在技术合作阶段，把技术问题转移给结构和设备专业……当前团队的工作方式，建筑师更像是乐队指挥，需要精通各种乐器并通晓它们的潜能，因此更有必要提高技术意识和技术水平。从提高创作者的技术意识和技能入手，深入研究建筑技术与现象，为建筑创作发展制订相应的技术策略，具有现实的教育普及意义。

（4）丰富技术评论：建筑评论既是建筑理论中的重要组成部分，也是认识复杂建筑现象的标尺。以往的建筑评论对建筑本体价值、文化价值和观念价值的探讨比较多，而对建筑技术价值的关注显然不如上述热门。对作品的评论也以空间形态和艺术构思居多，少有关于结构体系、构造材料、建造过程等技术层面的深入探究。当代建筑的评论需要重视技术的维度，这是对建筑创作的有效反馈。专业的技术评论肩负科学与社会责任，具有行业引导作用。建筑是理性与浪漫交织的产物，是技术与艺术的结合。显然，技术尺度和人文尺度的评判同等重要，不可分割。前者偏于定量操作而后者则注重定性描述。这也是建筑不同于雕塑、绘画、音乐、书法等艺术的一个重要方面——建筑的技术维度。因此，对建筑技术观念的研究将对技术评论有着重要的补充意义。

1.2 现状阐释与理论支撑

1.2.1 国内外相关研究

建筑技术及其观念研究是建筑学理论中的组成部分，已经引起建筑理论界的重视。随着社会的发展，建筑对技术的要求也越来越高，由此也形成了对技术研究的整体时代背景。

1.2.1.1 国外研究现状

国外关于建筑学中技术问题的研究，在科技和实践的推动下广泛地展开。一般认为，建筑技术研究的哲学基础是从德国哲学家海德格尔的技术"存在"理论开始的。1981年，工程师P·L·奈尔维出版了《建筑的艺术与技术》，研究了混凝土的结构美学表现，提出了结构美与建筑美的有机结合；1980年，肯尼思·弗兰姆普敦所著《现代建筑：一部批判的历史》，以历史的视角，全面阐释了现代建筑的生发与走向，其中对1851～1939年期间的建筑技术与工程技术进行了梳理和研究。1996年，肯尼思·弗兰姆普敦又出版了《建构文化研究》，系统地从技术文化角度阐述了建筑本质——构造性（Tecetonic），论述了建筑在作为一种功能性环境的同时，通过材料、构造和结构技术的运用来显示其空间和形式背后的文化品质。

1999年，学者克里斯·亚伯出版了《建筑与个性——对文化和技术变化的回应》一书，从地域性的角度分析了建筑的文化个性与技术个性。2003年，匈牙利的久洛·谢拜什真所著的《新建筑与新技术》，从建筑技术的分类框架研究入手，阐述了新技术下的结构、构造、材料、工艺和计算机辅助技术对建筑形式的影响作用。2005年，英国学者彼得·绍拉帕耶所著的《当代建筑与数字化设计》，分析了当代建筑复杂多变的形态与数字设计的互动关系。

此外，2001年，伦纳德·贝奇曼所著的《整合建筑——建筑学的系统要素》，从结构、设备系统的角度探讨了建筑学与相关专业的整合关系。2002年，工程师马斯特·李维等所著的《建筑的生与灭》，详细研究了结构技术与建筑的种种关联。从近年的研究来看，关于建筑技术的问题多是针对建筑现象而言的，而较少地涉及建筑观念，在对技术思想和技术观念的系统研究方面，也不成系统，研究角度存在较大的差异性。

1.2.1.2 国内研究现状

吴良镛院士在《广义建筑学》中的"科技论"部分提出了从广义和联系的观点全面看待技术问题，并且对技术与人文、技术与经济、技术与社会、技术与生态等各种矛盾综合分析，因地制宜地确立了技术和科学在当时当地营造中的地位，以求得最大的经济效益、社会效益和环境效益。[12]齐康院士曾呼吁重视对建筑技术理论的研究，他指出目前中国建筑界的弊病就是重"道"轻"器"，它广泛地表现在建筑教育、建筑设计、建筑理论和建筑评论等各个方面。清华大学的秦佑国教授发表多篇文章强调重视建筑技术工艺、呼唤中国"精致性"建筑作品的产生。同济大学则将"建构"引入建筑学教学改革。同时，一系列建筑技术文化图书出版：如1992年的《建筑文化与技术》，论述了技术与文化同进共生的现象，2002年出版的《建筑新技术》丛书，重点关注技术的应用。马进、杨靖编著的《当代建筑构造的建构解析》从建构的理论谈起，到技术实施的理念，最后分析了系列实例。2007年，张祖刚、陈衍庆主编了《建筑技术新论》，较为全面地论述了当今建筑技术领域的最新发展动向。这几套书从宏观的角度阐述了建筑技术理念的发展现状，对我国近十几年来的相关研究具有很大的影响。

1999年国际建协通过的《北京宪章》，提出了可持续发展的战略主题思想。关于技术路线问题，大会指出"21世纪必将是多种技术并存的时代。不同国家和地区根据各自实际情况发展适宜技术，才是真正具有现代结构技术观的可持续发展道路"。[13]2002年召开的亚洲建筑国际会议，将"技术、环境、文化"作为主题，反映出建筑技术创新、人居环境改善和地域文化传承是历史发展的趋势。提出了发展中国家如何采取"适宜性"技术或"中间技术"、以求最小限度地干扰自然、获得较好的技术经济效益，是摆在建筑师面前的重要研究课题。

博士课题研究方面，东南大学的邓浩完成了《区域整合的建筑技术观》学位论文，从地区性角度出发，以整合的观念，重点关注了多种并存的技术路线、观念和策略；东南大学的陈晓扬完成了《基于地方建筑的适用技术观研究》学位论文，从环境策略、经济策略和文化策略的角度，对建筑适用技术进行了架构研究；西安建筑科技大学的高静完成了《建筑技术文化的研究》，从文化学的角度，建构了技术文化的视野；哈尔滨工业大学的孙澄完成了《现代建筑创作中的技术理念发展研究》学位论文，以史学为基础，以时间为线索，对现代建筑的技术理念进行了全面、系统的梳理和架构；东南大学的史永高完成了《隐匿与显现——材料的建造与空间的双重属性之研究》学位论文，研究了自19世纪以来的材料技术的发展与空间构成的关系。

1.2.2 本书的理论支撑

（1）建筑史理论：对建筑技术的追本溯源，离不开以史学、史料作为研究依据，这是本课题的研究起点。技术与建筑之间的作用关系，是建筑史的主要研究内容之一，是人类文明进展中的重要线索。对建筑史、城市史、技术史以及相关领域的梳理研究，便于帮助我们辨析当代技术表现的历史根源。技术应用是一个实践问题，但是关于技术的思考和判断却涉及观念甚至起源问题，无论其实践性还是理论性，都有着深厚的历史向度，因此研究中的历史意识将是不可或缺的视角基础。在研究中，挖掘其与当代问题的某种关联，让历史焕发出新的生机，将会使研究具有历史的厚度与时代的生命力。

（2）技术哲学论：技术哲学是哲学的分支学科，是对建筑技术本质辨析的理论基础与发展变化的逻辑基础。技术哲学研究主要涉及技术本体、技术与自然、技术与文化、技术与价值、技术与社会等方面。建筑技术问题离不开这些基本概念和范围界定，这是研究的立足点。把技术放诸于更大的人类整体技术范围内的思考，具有拓宽视野、启发视角的作用。特别是研究技术与建筑的关系特征上，不能摆脱关于技术主客体的思辨。技术哲学便于使人们认清技术的本质，帮助辨析建筑中的外部技术应用以及内化为建筑技术的问题。技术哲学中的技术本体、技术主体、技术客体和技术过程的内涵概念与应用外延，也对应了建筑领域内的技术体系，是认知、梳理、研究的基础本源。

（3）技术美学观：如果说技术哲学注重思辨，揭示本源，那么技术美学则注重应用，阐释方法。技术美学属于现代美学的应用学科，是关注物质生产和器物文化中有关美学应用的问题。技术美学以审美经验为中心，由抽象思辨降解到具体应用，在不同层次上揭示了物质生活中美和审美的规律，推动了创作观念的发展与更新。

技术美学对建筑技术研究的理论支撑意义在于，它是沟通美学原理与创作理论的中间环节，是美学理论在物质文化领域的具体化，同时又是设计观念在美学上的哲学概括。技术美学在研究内容和方法上表现为多学科综合和跨学科性。它不仅需要借助哲学思辨，而且需要运用心理学、社会学的方法和文化学、形态学、符号学以及价值理论的观念进行综合性研究。技术美学既是现代生产方式和商品经济高度发展的产物，也是社会科学和技术科学相互渗透、相互融合的产物，是艺术与技术的结合。对技术美学的研究不仅可以促进产品的审美创造，提高美学水准，而且有助于对人的审美塑造。技术美学理论，是研究建筑技术表现的理论基础。

（4）建构学理论：在研究当代技术表现的现象时，离不开建构学理论的支撑。建构学（Tectonic），又译为构筑学。在希腊，Tectonic 的词源为 Tekton，指木匠或建造者，动词 Tektainomai 指木工技艺和斧子的使用。Tectonic 一词出现于荷马时代，一般间接指建造艺术。本身建构这个词汇就带有技术的色彩。广义上的建构含义是指建筑构筑形态的建造方式，是使建筑各部分成为一体的整个体系。建筑不同于其他艺术形式，它是实用的艺术，其根本在于建造，在于建筑师将适用的材料构筑成整体建筑物的创作过程和方法。建构形态就是建造的逻辑，是以其物质性为基础的，建筑由一定的建筑元素经特定的结构而组成，包括材料、建造方法、组合、构成和建筑形态，即构件间的关系，最后形成一个和谐的建筑整体，进而产生形式和风格。对建筑构造文化的研究，应该从建筑本身出发，从建造出发，然后再回到建筑的精神性，深入认识建筑本体，以一种新标准来认识和评价建筑，从而实现建筑的美学价值和精神价值。建构学不是一种流派或主义，它是一套看待事物和分析问题的方法。

1.3　本书范围与方法架构

1.3.1　范围界定

17 世纪初英语中出现技术（Technology）一词，它源自古希腊的"Techne"（意为工艺、技能）和"Logos"（意为词汇、讲话）两者的结合，意思是熟练获得的经验、技能和技艺。18 世纪末期法国科学家狄德罗主编的《百科全书》中列出了"技术"条目："技术是为了某一目的、共同的目标而协同工作的手段和规则体系的总和"。20 世纪初，技术一词的使用更为广泛，范围扩大到了包括除工具和机器以外的手段、工艺和思想等，《大英百科全书》认为技术是"人们用以改变或者操纵其环境的手段或者活动"。

技术有广义和狭义两种定义。狭义定义据《辞海》（第 1532 页）："①泛指根据生产实践经验和自然科学原理而发展成的各种工艺操作方法和技能。②除操作技能外，还包括相应的生产工具和其他物质设备，以及生产的工艺过程或作业程序、方法。"技术的广义定义是："技术是合理、有效活动的总和，是秩序、模式和机制的总和。"[14]指人类改造自然、改造社会和改造人本身的全部活动中，所应用的一切手段和方法的总和，简言之，一切有效用的手段和方法都是技术。

（1）建筑技术的定义：综合广义与狭义的技术概念，建筑技术的定义可以引申为：一切有效用的建筑手段和建筑方法都是建筑技术。对于建筑创作来说，建筑技术存在两种概念。一种是"building science and technology"（建造科学与技术），是一般意义上的建筑技术概念。包括结构工程师、给水排水工程师、暖通工程师等使用的技术。另一个概念是"architecture-technology"（建筑的技术），是可以被建筑师在设计中掌控的技术。比如对材料的选择、对工艺的处理、对构造的设计利用等。在本文中，建筑技术是指后者，强调建筑师在设计中可以把握的、可以自主运用的建筑技术。

（2）建筑技术的划分：技术的分类是多层次、多角度的。参照技术哲学系统构成要素来划分。建筑技术可分为客体技术、主体技术和工艺技术。具体分类如下：客体技术主要指客观物质条件，即建筑材料技术；主体技术指包含人的主观意识的心物结合部分，包括结构技术、构造技术、物理环境控制技术、节能技术、安全和防护技术等；工艺技术是指把客体要素与主体要素组织到一起的手段和方法，如工艺中的流程等。因此，建筑技术系统中的工艺要素是指建造技术，包括工匠、手工艺以及工业制造技术。只有建造技术才可能将客体要素的材料转化为主体要素的结构、构造，并体现一定的思想意识形态。[15]

按照建筑自身的规律，即从策划到建成使用的过程来划分，建筑技术通常包括九大类：建筑媒介技术、建筑材料技术、建筑结构技术、建筑构造技术、建筑施工技术、建筑物理环境技术、建筑设备系统技术、建筑节能技术和建筑安全和防护技术[16]。

从建筑师创作的角度出发，这也是一种广义的划分方式：即第一类技术——内核层，是建筑师熟悉的技术，依靠它物化、加工、传递自己的构思及表达，它与建筑师的创作思维契合得更加紧密。第二类技术——紧密层，包括结构技术、材料技术和构造技术，直接关联到建筑的空间和形式效果。第三类技术——关联层，一般认为是建筑师接触较少的设备技术——在传统的设计院体制和模式下，仅仅意味着留足管道面积和设备用房。[17]

（3）本书的研究范围：本研究对建筑技术的范围作了专门的限定。从建筑的建造过程来看，是由一些材料通过一定的方法组成了建筑。材料——基本单元、构造——单元组合、结构——形成整体。这三方面技术是形成建筑最基本、最原始、最直接的技术。因此，本书的技术线索主要包括材料技术、构造技术和结构技术。另外，还应该明确应用技术与本体技术的概念区别，比如：材料组织与表现属性在建筑中的运用手段和工艺方法，这是应用技术；而材料的理化成分、力学性能、物理指标等并不直接涉及建筑，这是材料的本体技术。

建筑技术是综合性很强的技术，既有自身的技术系统构成，也包含相关技术在建筑中的运用。为了理清技术与建筑的全面的伴生关系，本文把材料、构造和结构作为在建筑发展过程中的主要线索来考察。且因建筑中材料、构造、结构的不可拆分，所以采用综述与分述相结合的梳理方法。

本书着重于那些建筑师在建筑设计过程中能够把握和必须考虑的技术（architecture technology），如建筑材料技术、建筑结构技术、建筑构造技术等。对材料与结构的本体技术、建筑施工工艺、建筑物理环境技术、建筑节能技术、建筑安全和防护技术等有所涉及但不作展开研究。

1.3.2 本书内容

本书基于历史和当代的双重视角，以建筑技术作为客体研究对象，从技术脉络、技术特征、技术表现和技术倾向四个方面研究了技术与建筑创作的关联问题。

本书共分为六章：

第 1 章为绪论。主要论述了课题的研究背景和意义，综述了国内外的研究现状，建立了课题研究的理论基础，确定了研究方法和框架。

第 2 章为技术脉络。从历史入手，将技术发展阶段分为缓慢发展阶段、变革推动阶段、和谐复归阶段。梳理了每个发展阶段的技术表现，并针对不同发展阶段技术对建筑的作用关系，经过归纳后提出了阶段特点：以制约为主的关系、以推动为主的关系和以和谐复归为主的关系。

第 3 章为技术特征。根据逻辑学理论，提出了技术对建筑作用的三个方面的特征：技术对建筑的驱动性特征、技术对建筑的支撑性特征和技术对建筑的完善性特征。并对每个特征进行了分类剖析。

第 4 章为技术表现。根据现象学理论，归纳了技术表现的三个方面：低技术表现、高技术表现和生态化表现。对不同的技术表现的历史根源进行了辨析，对技术表现的特征进行了提炼与概括。

第 5 章为技术倾向。从价值论角度，提出了技术具有的三个方面的发展倾向：技术表现的求真倾向、技术本质的至善倾向和技术发展的趋美倾向。并对每个方面的倾向予以探讨。

最后为结论部分。对本书的研究成果进行总结，同时提出了本书的创新点。

1.3.3 方法架构

（1）归纳综合法：归纳综合法是对现有技术现象的分析、归类和总结。通过对现有技术问题进行全面、深入和系统的梳理，让技术与建筑之间的脉络结构更加清晰，进而形成一种综合的结论。通过文献查阅、资料汇集、实地调研、分类整理，获取对研究对象的整体资料并发现问题，这是基础性工作的研究方法。

（2）比较研究法：比较方法是根据一定的规则，把有着某种内在联系的事物加以类比和分析，确定其相似和相异之处，从而把握事物的本质、特征和规律的一种思维过程和科学方法。通过比较可以发现不同技术之间的相似性和相异性，从而总结出一般规律，为创作研究提供了全方位视角。本课题的比较主要有：中西方的技术问题比较、当代与传统的技术比较、不同学科间的技术价值比较等。

（3）历史案例法：历史案例法是通过文献、典籍和史料，以时间为基本线索，对建筑技术发展中的现象及规律，作出前后顺承、因果逻辑的进化剖析；历史学的方法是"一种明确的、记述式的社会科学，其目的在于建构过去的社会图像"。它通过对典型的、具有代表性的历史技术现象和问题的研究，进行并置、比对和类比，通过以点代面，形成初步的研究基础和技术价值判断。

（4）学科交叉法：学科交叉法是让课题放置于更大的领域，通过对相关学科与技术的关联性研究，使得技术创作的途径更加开放化、明朗化。在当今全球化的科技背景下，进行多学科的综合研究是复杂性问题研究的必然方法。课题在借鉴建筑学科的研究著作和成果的同时，更注重结合历史学、技术哲学、技术美学、构造学等学科成果，以多学科结合的系统化方式进行深入的研究。通过对其他学科研究成果的借鉴，结合社会、经济、历史、文化等多方面文献资料的收集、整理和分析，达到融会贯通的目的。

第2章 建筑技术的历史脉络

人类每一次技术进步都会带来建筑上的巨大变革，而变革的背后折射出了具有时代特点的技术观念。从人类走出荒蛮，建筑经历了穴居（天然洞穴、人工洞穴）→巢居（树屋）→半穴居（茅舍）→地面建筑（干阑式、木骨泥墙、简单榫卯）的发展过程。可以说，建筑是由于使用需要而产生、伴随技术进步而发展的。人类选取建造材料、利用建造工具、积累建造经验是建造目的得以实现的保证。一部建筑史，也可以说是一部反映人类建造的不同技术形式和语言运用的历史。

古代农耕社会到工业革命前夕，人类文明整体发展缓慢，建筑技术也同样历经了漫长的积累沉淀；18世纪末发生了工业革命，文明加速发展，人类开始进入现代社会，这也是传统手工建筑技术与现代工业建筑技术的分水岭；工业革命后的200余年，人类社会进入了后工业时代，在以信息革命为标志的技术文明背景下，建筑技术走向多元化发展的时代，数字信息技术、绿色建筑技术、生态建筑技术等逐渐成为当今建筑技术的主流与发展方向（表2-1）。

不同时代的技术文明特征[18] 表2-1

文明状态 \ 时代	农业时代	工业时代	后工业时代/信息时代
自然资源利用	物质资源	能源资源	生态资源/信息资源
人文资源利用	村落单位	城市单位	地域单位/地球村
物质形态构成	泥、木、砖、石	混凝土、钢、玻璃	轻质绿色材料/生物复合材料
科学水平	物质	分子—原子	原子核/电子
技术水平	低技术	中高技术	高技术和适宜技术/信息智能技术
空间观念	一维和二维	三维	四维（含时间）/分维
生存状态	艰辛的适应	丧失精神家园	找寻精神家园/诗意的栖居
理想住居	桃花源、基督城	田园城、乌托邦	生态城市、绿色城市/智宅、智城

2.1 技术的缓慢发展阶段

在工业革命以前，人类整体文明状态处于缓慢的发展时期，科学与蒙昧混杂，人类认识自然的能力水平有限，技术对自然环境的依赖程度大于技术对自然的改造程度，技术水平主要体现为对环境的被动适应水平。这使得技术仅仅作为建造的重复手段，其发展状态表现出封闭零散、自发缓慢的特点，其表现形式体现为被动适应、简单朴实的特点。无论是在两河流域、古埃及、古罗马，还是东亚地区，人们根据各自地区的材料，摸索着材料使用的工艺手段，尝试着适合的结构体系。世界各地的建造技术都是在各自封闭的状态下发展和逐渐完善的，根据传统的方法建造，也根据传统的风格来装饰。因此，建筑在数千年内的发展和转变是一个非常缓慢的过程。

2.1.1 农耕渔牧时期

早期的巢居和穴居，反映了原始的技术形态：人们就地利用环境、就近简易取材，建造了最初的人工环境。结草为绳、蔽枝为顶、夯土为墙……这是建造技术的产生开端，人类由此利用工具、积累经验、不断尝试，逐步形成了有别于动物的独特技能。

在材料利用方面，最初以土、木、石等天然材料为主，体现为对材料的直接利用或简单加工后的利用，后期出现了砖、瓦、陶等人工材料，并逐步形成了适用于各种材料的技术工艺。"土"与"木"产生了最原始的居住形态——穴居与巢居。对这两种最原始的自然材料的不同利用，体现了这一时期建筑技术的特征——简单、直接以及明确的目的性和逻辑性。后来，这两种材料各自发展了两种基本的结构形式：组砌式和框架式。[19] 对"土"的利用进一步发展，最终出现了人造材料——砖。砖发源于公元前4000年左右的美索不达米亚地区，最早采用"生砖"即晒干的土坯砖来建造房屋。后至公元前3000年左右，埃及人开始烧制生砖建设房屋。到了公元前2100年，古巴比伦王朝的砖塔、神殿等已有了较高的砌筑工艺。到罗马时代，砖已经被用来作为结面材料了。中国也有悠久的用砖历史，早有"秦砖汉瓦"之说，古代砖也被用来建造关口堡垒，长城就是古代用砖的最好例证。

从古希腊罗马后期开始，石材技术在西方建筑中处于主导地位，为西方建筑风格的形成奠定了基础，石材技术成为西方建筑文化的源头。此外，砖与石材的组合运用技术也得到发展。代表是古罗马的高架水道，其采用砖石组合结构，上层为砖砌，下层为拱式干砌石架渡槽，有些输水槽高达三层，体现了高超的砖与石材的构造组合技术（图2-1）。木材进一步发展，在中国形成了辉煌的木构架建筑体系，发展了不同于砖石砌筑技术的榫卯框架技术，其中对木材的模数加工、构造组合、承重体系与形态表达都取得了很高的成就。斗栱是中国古代木构建筑技术的代表，是一系列技术性很强的构造节点的做法集成，满足了建筑屋檐出挑深远的要求。斗栱作为托架悬臂系统最终演化为一个技术体系的符号。

图2-1 古罗马的高架水道[20]

早期的混凝土技术在这一时期出现，古罗马人把石头、砂子和维苏威火山地区的粉尘物（pozzolana）与水混合制造混凝土。在公元前27年建造的万神庙（Pantheon）中，混凝土用浮石作骨料，与砖券组合在一起混合浇筑，建成了当时跨度最大的穹顶，代表了古罗马拱券技术的最高水平（图2-2）。

图2-2　万神庙的巨大穹顶[21]

混凝土、石材与铁件的组合运用体现在古罗马的斗兽场（Colosseo）中，它是古罗马建筑中的技术奇观之一。巨大的场地呈椭圆形，长径达到187m，使用了大约300t的铁，被用来制造将石头连接起来的抓钩，其做法类似于现代建筑外墙干挂石材的构造做法。

工具技术的发展对建筑的形制模式也产生了影响。从史前磨制硬木、兽骨等简单粗制的工具开始，到后期陆续出现了铸铜、冶铁和炼钢技术，致使出现了斧、锯和钢钎等加工工具，使得建造活动的自由程度进一步扩大。中国战国时期冶炼技术的发展产生了锯子等铁刃工具，木材加工的效率和精度便迅速提高，进而以榫卯连接装配为特色的木构架体系在战国至秦末汉初基本建立起来。及至隋唐出现了大锯、宋代出现了台刨、明代出现了线刨等工具，极大地影响了制材法的革新，使得小木作的模数制得以发展。[22]

2.1.2　宗教统治时期

建筑技术经历了漫长的发展，到了中世纪取得了一定的成就。众多教堂穹顶、塔楼，象征着宗教权力，要求空间向更高、更宽、更大发展。技术整体上没有体现大的变革，局部构造与材料工艺得到深化。

中世纪欧洲处于宗教统治的"黑暗时代"，在基督教的阴影下，文学艺术死气沉沉，科学技术进展缓慢。但是教堂建筑却得到高度重视，因此建筑技术的成就集中体现在数量众多的教堂建筑上面。拜占庭风格、哥特式风格的建筑是中世纪的典型代表，这一时期的建筑空间有了实质性突破，类似埃及神庙建筑中实体大于空间的情况被打破，巨大的穹顶带来了空间的相对自由，同时在技术上需要飞扶壁来抵抗侧向的推力，技术使建筑空间被强化出来。

构造方面，仍然以手工方式为主，但技能已经达到了相当高的水平。科隆大教堂建筑（The Cathedral of Cologne）中上万个构件加工都十分精确，在遗存的图纸中，至今专家学者们也没有找到当时的力学计算公式，令人叹为称奇。大教堂四壁的彩绘玻璃，总面积达1万多平方米，体现了精湛的手工艺彩绘技术。此外，教堂钟楼上还装有重达24t的响钟，体现了当时施工装配工艺的水准。

材料方面，西方进一步发展了石材建造技术体系，在此期间的教堂建筑处于建造的鼎盛时期，也是石材大量、广泛应用的时期。石材的开采、加工和雕刻都达到了一定的技术和艺术高度，"每一栋重要的建筑都对应着一座采石场"[21]，说明当时使用石材的鼎盛情况。举世闻名的科隆大教堂就是这一时期建成的，教堂高157m，整座建筑全部由打磨抛光的石块建成，体现了较为成熟的石材建造技术（图2-3）。

玻璃作为围护材料，开始在建筑中应用，罗马人开始把玻璃应用在教堂的门窗上，起初的目的并不是透光和透"视"，而是当做琉璃一样的高级装饰，出于宗教目的玻璃被施以彩绘。到了中世纪玻璃运用的技术水平也达到了一定的高度，当时威尼斯的玻璃制造技术已经非常发达。

2.1.3 文艺复兴时期

图2-3 举世闻名的科隆
大教堂[20]

14～17世纪的文艺复兴时期，被认为是中古和近代的分界。在这期间，建筑技术缓慢发展，空间形态变化不大，建筑实体强调与雕塑、绘画的技艺融合，重视材料的美化装饰。同期，透视图学、几何与数学取得了长足进步，为建筑创作提供了有力的支持，"Architect"这个词汇第一次出现，专门指代建筑师这个职业，使得建筑师第一次从匠师、艺人、画家等多重角色中单独地分离出来。

在技术运用方面，建筑师普遍重视技术与艺术的结合。教堂建筑的精致程度和技术水平超过古罗马和拜占庭建筑，穹顶技术进一步发展，既体现了建筑结构在高度和跨度方面的进步，也体现了技术与空间形态、技术与实体形态完美的结合。佛罗伦萨大教堂是这一时期的代表，它被誉为文艺复兴的报春花。整个建筑群中最引人注目的是中央穹顶，是世界上最大的穹顶之一，内径为43m，高30多米，总计高达107m。巨大的穹顶依托在交错复杂的构架上，下半部分由石块构筑，上半部分用砖砌成。为减少穹顶的侧推力，构架穹面分为内外两层，中间呈空心状。内部由8根主肋和16根间肋组成，构造合理，受力均匀，体现了精巧的技术构思和精湛的技术工艺。

在结构形制方面，文艺复兴时期的建筑技术尤其重视结构技术与建筑形态的完美结合，重视空间的实用性。在造型上排斥象征神权至上的哥特建筑风格，提倡复兴古罗马时期的建筑形式，技术上表现为对半圆形拱券、弧形穹顶的推崇，并以此为中心确立了建筑构图。除了上述的佛罗伦萨大教堂以外，还有意大利佛罗伦萨的美第奇府邸、维琴察圆厅别墅和法国的枫丹白露宫等，都具有相当高的技术水准。

在材料方面，主要体现在多种材料组合运用的工艺进步。表现为大型建筑外墙用石材饰面，内部采用砖砌；或者下层用石砌、上层用砖砌；大块石材的连接使用了铸铁抓钩等。在技术观念上强调技术的艺术性，为了很好地解决建筑梁柱结构自身的构造问题。技术中引入数学和几何学关系，如黄金分割（1.618：1）、正方形等来确定比例和协调关系。创作中一方面采用古典柱式，一方面又灵活变通，大胆创新，甚至将各个地区的建筑风格同古典柱式融合在一起。建筑师在创作中既运用了时代的技术风格，又十分重视表现自己的艺术个性。

2.1.4 阶段性概述

在前工业时代，技术作为人类生存的本能尚处在萌芽阶段，没有形成完善的体系。从整个阶段来看，技术缓慢地促进着建筑的发展；从建筑创作的需求来看，技术在一定程度上又制约着建筑的发展。建筑在技术作用下的变化主要表现为：建筑实体注重装饰、建筑空间呆板受限、建造过程以手工为主导。

（1）建筑的装饰化：在一些代表着古代最高建筑技术水平的宫殿、神庙等大型建筑的立面设计上，除了功能性的要求之外，总是能看到各种各样的造型和装饰。

首先，各种物质技术、建造技术的长期缓慢发展是促成建筑形式装饰化的重要因素之一。砌筑技术和木构框架技术进一步成熟完善，到后期便趋于形制化，使得工匠们把目光投向对结构的附着装饰与美化之中。西方柱式模拟人体比例或者与雕像结合，中国传统的雕梁画栋，都是技术发展到一定时期滞缓的结果。在相当长的历史阶段中，材料没有太多的变化，人们创作使用的材料种类有限，进而使得工匠们把精力投入到对材料自身的美化与雕饰的工作中，比如西方对于石材、金属的雕刻；中国的砖雕、木雕，都是材料装饰化的体现。

其次，带有画家、匠师身份的建筑师，在设计时主观上也希望建筑带有艺术装饰的成分，在设计中强调把雕塑和绘画融入到建筑实体要素之中。建筑师的这种技艺综合的身份，也是促成建筑形式装饰化的重要因素。他们既作为设计者同时也是建造者，普遍带有"匠人"和"手艺人"的印记，技术运用中追求"技"与"艺"的融合。比如：米开朗琪罗（Miche - langelo Bounaroti，1475～1564 年）和达·芬奇（Leonardo Da Vinci，1452～1519 年）等，他们既是雕塑家、画家，同时也精通力学、几何和算术等知识门类（图2-4）。建筑师这种天才式的历史角色一直延续到文艺复兴之后。

（2）空间灵活性差：技术运用直接影响了建筑空间形式。由于技术自身发展缓慢，建造过程依赖经验且模仿多于创造，因此使建筑空间形式向类型化、形制化发展。

古代建造是以砌筑方式为主导，结构上承重体系与围护体系无法分离，材料自身的力学性能没有得到改进，石材、砖等耐压的力学性质和较大的自重，都无法满足更灵活自由的空间形式，构造工艺的连接也无法解决材料强度不足的问题。这些都是导致空间灵活性差的原因。教堂的穹顶，已经发挥了砖石材料的构造工艺极限，受限于砖石等小尺度材料而无法形成更大的跨度；教堂中

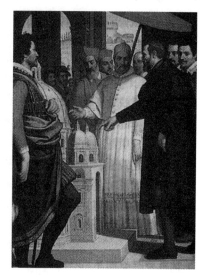

图2-4　米开朗琪罗借助模型
介绍方案[23]

的侧殿空间是飞扶壁抵抗穹顶的侧推力而形成的，由技术发展产生的这个空间，同时也受到技术的限制。因此，空间局限的背后是由当时的技术状态决定的。

另外，在结构与构造设计中，注重实践经验而不是科学的力学计算。因此，材料组合的构造工艺发展到一定时期，必然走向僵化。技术发展到一定时期以后，没有更进一步的发展，空间的类型简单枯燥，导致建筑空间的局限。中国古代建筑主要以木构架为主，西方则以石材为基本材料的拱券技术为主，两种截然不同的结构和材料体系，形成了不同技术体系下各具特色的建筑形态，同时也是单一化、局限化的建筑空间特征的体现。

（3）建造的手工化：在技术的缓慢发展阶段，建造方法主要是以土工、木构和石砌等手工劳作为主。木构的建造方法历史久远，大致于公元前 6500 年出现[24]；石砌建筑的代

表是埃及金字塔，当时人们已经懂得用滑轮、撬棍，并用水来减少摩擦等技术来建造，数量惊人的石块被精美地组合在一起，最大的石块重达20t，体现了技术运用的精确程度（图2-5）。

图2-5　金字塔中石材精美的接缝[21]

建造的另一特点是以密集的劳动力和手工为主，如胡夫金字塔石料的开采，在当时没有炸药、钢钎，更谈不上机械设备的情况下，大型工程的修建几乎动用举国的劳力。我国修建万里长城前后也动用了上百万的劳力。由于建造过程基本上是对材料的简单利用，如黏土、木材、石头等，这些适合手工操作、便于直接加工的材料在相当长的时间内主导着手工建造的方式。手工艺技术在建筑中占有重要的地位，表现出了一种手工艺化的技术观念。从西方希腊罗马柱式到中国古代建筑的"雕梁画栋"，都体现了精细雕琢的精湛手工技巧。西方古希腊神庙上的石额枋、精美的柱式以及门楣上的图案，处处标志着不同时代手工艺在建筑装饰上的重要地位。同时，由于施工技术的简单重复，几乎所有的材料都由手工制作而成，所有构件的组合全凭工匠的双手一点点搭建，如此繁密的人力劳动更加突出了手工艺的重要地位。手工的建造往往耗时悠久，许多教堂都历经数百年的时间才得以建成，比如科隆大教堂耗时近700年，佛罗伦萨教堂也用了140多年才得以建成。

2.2　技术的变革推动阶段

工业时代，是人类文明发展的巨变时期，科学与蒙昧分野，知识谱系重构，人文科学与自然科学走向了各自独立的发展领域。人类认识自然的能力和水平迅速提高，利用技术对自然环境的改造程度大于技术对自然的依赖程度。新的能源、新的材料、新的生产方式大大促进了建筑技术的进步。技术不再仅仅作为建造的重复手段，技术发展表现为积极主动、快速进步、革新激变的特点。

工业时代的建筑技术发生了重大的转折与变革。煤、铁、能源的利用，间接导致了新材料、新工艺等技术在建筑中的运用。第一批变革式的建筑成果是由工程师和测量师完成的，桥梁、道路、运河等建造的工程技术，为建筑中的技术应用提供了大量的试验经验。

2.2.1　工业革命前期

文艺复兴以后到工业革命之前，大约不足200年的时间。人们驾驭自然的能力迅速增长，技术进步促进了崭新的产业结构和对生产力的进一步开拓。建筑材料方面，铁轨是最早的建造部件，也是大梁的先驱。这一时期，铁被用在建造拱廊、展览大厅和火车站等大型建筑中（图2-6）。1779年，英国工程师约翰·维金森（John Wilkinson）设计了第一座跨度为30.5m的铸铁桥（图2-7）。1784年英国工程师兼建筑师特尔福德建造了伦敦铁桥，之后在1829年，他在伦敦建造了由铁框架和砖围护结构组成的仓库。随后，T形铁梁代替了建筑中的木梁。熟铁加筋的砖石结构最早出现在卢佛尔宫中，到1772年，苏夫洛设计了圣热内维夫门廊，这两项工程的探索促进了日后铁筋混凝土技术的发展。此外，受拉的熟铁技术、铁拉丝缆索技术也应运而生，美国人芬莱于1801年设计了跨距74.5m的铁索桥，是当时大跨度结构技术的代表。[25] 铸铁出现在建筑结构的加强连接件中。同时，铁制节点有意无意地运用了类似榫卯的构件，是模仿木材的构造方法（图2-8）。

当时，铁在建筑中的运用，无法脱离砖石木构建筑的影响，出现了许多模仿石材雕刻的铁艺和铁雕饰（图2-9）。运用铸铁模仿古代罗马的柱式、模仿充满装饰的拱券等十分常见。在与其他材料的构造连接上，无历史经验案例可循，因此建筑师们往往要进行大量尝试。铸铁也用于室内外某些雕饰，比如在门窗洞口等连接部分做成铁件的装饰。[26] 后期，铸铁的大量应用得益于两个方面：一是新建筑类型的出现，原有的砖石木构不能够满足建造需求，如火车站、工厂、市场、花房等新型建筑等；二是有关铸铁材料技术的理论发展以及在许多论著里面大加讨论，直至铁建筑取代砖石建筑并被大众所接受。

图2-6　伦敦圣潘可拉斯火车站是
早期铁构建筑的代表[9]

图2-7　世界第一座铸铁桥[20]

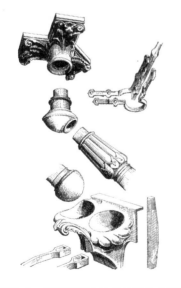

图2-8　早期用于连接的铸铁构件[26]

图2-9　铸铁仿古典主义的柱式[26]

这一时期，混凝土、水硬水泥开始大规模地出现和应用。正如制铁技术源于采矿业而得到发展的那样，混凝土的发展则起源于航海业。由于新的空间形态大量地出现，建筑师与工程师开始寻找新的材料与施工方法。1774 年，约翰·米斯顿（John Smeaton）用生莱茵石灰、黏土、砂子、碎铁渣制造了一种混凝土，用于航海灯塔的基础。此后，类似的混凝土在英国的桥梁、运河、港口工程中大量使用。1811 年左右，英国人约瑟夫·阿司普丁（Joseph Aspdin）发明了人造混凝土，又称波特兰水泥，在美国的应用迅速展开，而在欧洲除了大型工事或水利工程外，一般只用作粘结剂来使用。后来，随着工程需要，混凝土只能受压的性能急需改进，工程师们开始以不同的方法如使用铁丝网、铁卷线、铁棒等与混凝土组合，进行了大量尝试，直到后期出现了铁筋混凝土。

玻璃技术进一步发展，由传统的手工艺制造转化为标准化机械生产。1688 年，纳夫发明了制作大块玻璃的工艺。从此，玻璃成了普通的物品，成为每个建筑物必有的物件，玻璃也由传统的手工艺品或宗教饰品转化为当时科技形态的代表语汇。从为宗教神秘服务的装饰性走向为现代功能服务的实用性，进而转化为强调理性、客观与精密，玻璃对于当时的许多建筑师来说不是感情而是技术，更多地象征着未来而非连接过去的记忆。

这一时期的建筑技术，一方面表现为对文艺复兴时期的石材、雕饰等的留恋；另一方面表现为对新材料运用的大量尝试与运用。各种材料的组合使用，使得建筑师开始关注不同材料间的连接节点问题，对新材料的强度、韧性、变形等力学性能的研究进一步加强。在结构上，铸铁改变了以往只是装饰构件和连接构件的身份，开始作为承重的梁柱登上历史舞台，框架体系的雏形基本形成。

2.2.2　工业革命时期

工业革命于 18 世纪中叶发源于英格兰地区，指机器生产逐步取代手工劳动、大规模工厂化生产取代个体工场手工生产的一场生产与科技革命。19 世纪中期开始，水泥、钢材、平板玻璃、钢筋混凝土的应用越来越广泛。新材料推动了新结构的发展，促进了人们寻求与新材料相适应的新型建筑的出现。由于新材料在建筑上的应用，使建筑出现了更多的可能性和发展潜力。1851 年，英国园艺师约瑟夫·帕克斯顿（Joseph Paxton，1801 ~ 1865 年）采用建造温室花房的方式，用预制化装配手段建造了第一届世界工业博览会展览馆——"水晶宫"。水晶宫以全新的材料与形态，炫耀着工业革命带来的伟大成就，开创了钢铁和玻璃两种新材料以标准构件的形式在建筑上的设计与使用的先河。在新材料的促动下，新技术的运用产生了新的建造方式，它不仅创造了建造速度的奇迹，而且开创了建筑形式的新纪元（图 2-10）。1889 年，法国工程师古斯塔夫·埃菲尔（Gustav Eiffel，1832 ~ 1923 年）主持建造了世界闻名的埃菲尔铁塔，先进的钢铁建造技术使人类的建造高度第一次达到了 328m，同期建造的机械馆首次使用三角拱结构，创造了 115m 空前的大空间形态（图 2-11）。这两个建筑是现代工程技术上的重大发展和突破，在当时的技术条件下，最大限度

图 2-10　英国水晶宫[9]

地发挥了锻铁的性能，充分地显示了技术的巨大生命力。

1852年，升降机被发明，到1880年西蒙发明电梯以后，人类历史上出现了现代意义上的高层塔楼（图2-12）。随着高层建筑的诞生和进一步发展，这时期建筑以讲求功能与对新材料和结构技术的探索为特征，表达了钢框架和混凝土等人工材料的工程技术之美，其特征是形式简洁，遵从结构，少有装饰，同时建筑充满钢铁力量感和精制的工业铆制技术，也表达出机械工程技术自身的风格。

图2-11 巴黎世博会机械馆[27]

图2-12 早期的铁制电梯[28]

1885年建成的芝加哥家庭保险大楼及1891年落成的芝加哥库伯公司仓库被认为是第一批真正意义上的摩天大楼，是当时工程技术应用的典范（图2-13）。新结构与新材料的应用产生了全新的建筑空间，并演绎出"形式追随结构"的新形式，简洁的外形透射出工程技术的理性与效益，钢框架衍生了长条形的芝加哥窗，高扬了工程主义技术

图2-13 芝加哥库伯公司仓库[15]

的美学价值。当时的法国建筑家勒·杜克（Viollet le Duc，1814~1879年）认为："钢铁、玻璃和混凝土在19世纪得到广泛的应用，在不远的未来将彻底改变建筑的面貌。"[15]这表明现代工业建筑材料对建筑发展的影响是决定性的。同时也说明，在建筑技术的发展历史中，在对其产生巨大影响的技术系统中，材料要素走在了最前端。

19世纪后期的芝加哥，是一个新工程技术与高层建筑融合的大熔炉，大量应用的钢铁、玻璃和混凝土等人工材料，替代了砖石、木材等自然材料，数学和力学等科学的发展使高层建筑框架结构计算得以实现。框架结构解放了建筑高度、跨度和空间组织的封闭性，为高层建筑发展提供了工程技术保障。这些令人耳目一新的高层建筑创作及其形式实质是附庸于结构工程技术之上的。当时工程技术的创新——钢框架结构和箱形基础是第一批高楼建造的技术保障。建筑对技术的注重，打破了学院派强调的形式与风格以及忽视功能和技术的教条。虽然此时高层建筑的古典外衣还未蜕化干净，但工程技术则被表现得淋漓尽致。

建筑技术飞速发展，人类的建造高度不断被突破，直到美国出现了大量的玻璃摩天楼，这是建造技术、材料技术、施工技术等进步的集中体现。建筑跨度也进一步变大，出现了许多大空间建筑，技术发展出现了新的结构形式：高层建筑的框架结构、剪力墙结构、筒体结构等，大跨度建筑运用的壳体结构、悬索结构、空间网架等技术上的革新，给建筑创作带来了更多的契机，出现了许多新的建筑类型。同时，需要全新的工艺手段来适应材料的飞速发展，即在建筑材料这一活跃因素的发展变化促进下，产生适应新材料的"新工艺"，从而迫使人们努力寻找"新工艺"与新材料之间的"契合点"。机器工艺逐步被完善、工业化大步迈进，新材料飞快传播，很快地取代了传统建筑材料，成为建筑向更新的形态进军的敲门砖。

2.2.3 阶段性概述

在工业时代，技术改造自然的手段更为强大，初步形成了完善的技术体系，技术的变革状态推动着建筑创作的发展。技术的推动作用在建筑中主要反映为促成形式的纯粹化、推动空间的灵活化、强调建造的机器化。

（1）形式的纯粹化：工业革命带来了现代化，随之而来的现代主义思想成为西方建筑界的主流，提倡运用技术以简单的几何体展现其功能，反对建筑中多余的装饰，从而导致了空间和形体上的形式纯粹化。"国际式"风格的"千篇一律"就是当时现代主义发展到极端的写照。现代主义的技术路线认为，建筑师要摆脱传统建筑形式的束缚，提倡全新的技术观念，大胆创造适应于工业化社会的条件，运用新材料、技术与方法，建造崭新的建筑。同时，建筑被认为是"居住的机器"，不承认建筑是艺术作品，反对建筑在实用功能和技术以外的一切附加物（图2-14）。

现代建筑是技术的表演舞台，实际上就是强调其功能与技术本身。技术理性大力宣扬技术万能，并尽量表现数学、力学的逻辑性和材料性能的轻质高强，轻视人类的情感、历史文化、地方风俗，刻意追求建筑的技术美学形式，把建筑美学归入了技术美学的范畴。包豪斯是欧洲最激进的艺术和建筑中心之一，它提出了"新的工艺，新的起点"的口号，有力地推动了建筑革新运动。建筑大师密斯·凡·德·罗阐述了系列技术新观点，其中对玻璃、钢等技术作了大量研究，并倡导了"少就是多"的现代建筑理性严谨的风格，体现了当时技术与风格、技术与文化之间的创作关系。

现代建筑大量采用工业建筑材料，比如水泥、玻璃和钢材等，大幅度降低了建筑成本，同时改变了建

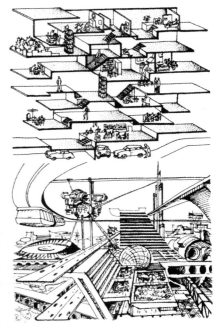

图2-14　建筑是居住的机器[27]

筑结构和建筑方法，进而产生了新的形式——反对任何装饰的简单几何形状，并导致功能主义倾向。奥地利建筑家阿道夫·路斯（Aldolf Loos）提出"装饰即是罪恶"，反映出当时材料、形态的发展态度。建筑由柱子支撑、围护结构用玻璃幕墙、承重体系和围护体系分离，把几千年以来建筑完全依赖于石料、木材、砖瓦的营造传统打破了。空间成为新材料的追求，成为技术发展到一定阶段的主要目标。

（2）空间的灵活化：工业革命带来的新材料为建筑发展带来空前的生机与可能。钢筋混凝土结构具备了以往木构、石砌所不能比拟的优势：形式新颖、空间自由、技术合理，代表着当时最高的技术水准。框架结构是它最显著的结构形态，荷载由柱子承重受力，不但带来了灵活的大空间，也为多种可能的建筑外观形态带来了巨大的可能性。在古埃及的神庙中，这是无法奢望的随心所欲的空间。

新的技术造成了建筑空间向更高层、更大跨、更灵活的趋势发展。承重体系与围护结构开始分离，密斯的巴塞罗那世博会德国馆是空间解放的宣言式作品，柱子承受屋盖的荷载，而空间用隔墙划分，形成了所谓的"流动空间"。现代建筑一方面摆脱了传统的束缚，创造了"玻璃幕墙"式样的方盒子，另一方面在空间上做到了史无前例的自由化。

（3）建造的机器化：近代工业革命完全打破了千年以来工匠们把持的手工艺传统，现代化的机械流程和工业产业化的生产手段，带来的变革是巨大的，建筑的工厂化、预制化、标准化颠覆了以往的建造概念。水晶宫施工仅用短短的 8 个月，就完成了包括 3200 多根铁柱、2300 多条铁梁、总计 7.4 万 m^2 规模的建造。这对古代教堂建筑动辄数百年的建造期限来说，是无法企及的。

机械化工业生产的高效率、高统一的群体特征替代了传统手工艺的低效率、低统一的个性特征。建筑技术崇尚手工艺倾向开始转向倚重机器大生产的倾向，在对材料的加工上以简单的几何形为主、材料表面光洁、准确精密，可以大量复制而且能够保持高度的一致性等特点令人耳目一新，与传统手工艺加工材料的误差、粗糙、不均匀、无法统一大量复制等特点形成鲜明对比。机器化大生产使现代建筑更加崇拜技术理性。这一时期，建筑表达了机器生产的功能和极端的技术美学思想，而人性、自然和建筑环境等统统排斥在功能和技术融合的技术美学之外。工厂机器化的装配建造技术发展到现代主义建筑时期，已达到了工具理性的巅峰，功能主义和效率成为这一时期的主导。立方体形状和玻璃幕墙表面，宣扬了工厂化和机器般的精密与规格，是这一时期建筑的主要特征。领军人物有密斯、柯布西耶以及菲利普·约翰逊等，芝加哥湖滨公寓、纽约利华大厦、西格拉姆大厦等是他们的代表作。建筑以表现技术理性为主，而城市文化、地方传统、人性和归属感等通通被遗忘，处处充斥着技术理性，建筑成为真正意义上冰冷的"居住机器"。

2.3　技术的和谐复归阶段

后工业时代，是人类文明发展史上的又一次黄金时期，科学技术高度发达，知识谱系重新拓宽整合，是全球化、数字化、多元化大融合的时代。新时代的技术带来了全新的建筑形象：高层摩天楼的记录不断被刷新，818m 的迪拜塔已建成，正在拟建 2800m 高的迪拜世界第一高楼表现了人类极度的技术自信；大跨度的航空港、体育馆不再是混凝土的专利，出现了丰富多样的索膜结构、钢结构编织体系；CCTV 大楼的结构体系，是对地心引力的极限挑战；令人眼花缭乱的材料和工艺如同时尚外衣一样变化多端……复杂现象的背后，是思潮的变幻涌动，更是不断提升的技术水平与日益发展的技术观念合力作用的结果。

后工业时代的建筑技术发生了又一次转向。能源危机、环境危机和经济危机给高速发展的工业文明敲响了警钟。技术使命不再是工业革命时期的狂飙突进，技术本身开始了向纵深化、精细化、多元化发展。技术应用注重生态化和人文化，绿色技术和可持续发展技术深入人心，人们开始冷静地思考技术带来的各种问题。

2.3.1 信息革命初期

20世纪50~80年代，电子通信技术引发了信息革命。电子计算机的出现和全面应用，促进了各项技术的迅速发展，使建筑技术从20世纪初期的单纯型走向了后期的广义型。

社会分工不断专业化、人们的活动日益多元化和需求日益精细化，导致创作中对技术的要求越来越高。结构专业、设备专业、材料专业等都形成了专门的事务所，承担分工后的技术任务。同时，事务所和设计公司也出现了更为精细的划分以及由此带来的不同技术倾向，比如罗杰斯、福斯特事务所等以运用高新技术闻名，KPF和SOM事务所擅长大型综合建筑，巴黎机场公司擅长运用大跨建筑技术……这种细化的现象虽不绝对，但是他们在创作中的技术观念确实存在着一定的差异。

在结构方面，新结构体系在创作中不断地应用，香港汇丰银行的悬挂结构、美国明尼阿波利斯联邦银行的悬索结构都是过去未有的独创；大跨结构的技术形式也有很多创新，比如悬索结构、拱结构、网壳结构、膜结构等，极大地丰富了建筑的形象。在材料方面，新材料陆续出现，传统材料不断被改良。比如混凝土技术在这一阶段得到了飞速的进步，不但其自身的材料力学性能得到改进，其表现力的潜能也得到了充分的挖掘。许多建筑师对混凝土技术的推进作出了贡献。意大利建筑师奈尔维，把混凝土技术与空间表现有机地结合起来，被称为"混凝土诗人"。在构造工艺、设备技术应用等方面，技术的进步也不断地丰富和改善着建筑空间。设备技术与建筑的结合应用是这一阶段建筑独有的技术特点。

自高技派以来，技术表现就成为设计中一个很重要的趋势。创作中强调工业化特色，突出技术细节，以达到表现技术的目的。建筑师在处理功能、结构和形式三个基本要素上，逐步把结构和形式等同起来，工业化的结构就是工业化时代的形式，而高科技的结构，就是高科技时代的形式。出现了形同于远古时代的"直接"作品："结构"等同"形式"，当然这里的"等同"远非远古时期可比，而是螺旋上升的更高起点。相同的本质，不同的复杂性，包括要素的复杂以及相互逻辑关系的复杂是这一时期建筑的特色。这种"结构"等同"形式"的理念应用到建筑上之后，自然而然就发展成技术的合理逻辑直接塑造建筑形态的结果。于是，所有新技术都可以直接表现于建筑的外表，自然形成新的文化形态。时代的技术、材料特征在这样的建筑上一览无余。于是，这样的高技术"表皮"成为新时代的审美标准。

2.3.2 当代多元时期

从"烟囱"走向"互联网"，生动描绘了从工业社会向信息时代转型进程中建筑的状态和角色。马歇尔·麦克卢汉（Marshall Mcluhan，1911~1980 年）从媒介演化历史的角度概括了人类历史，认为文字、印刷术、互联网是三大革命。媒介技术将改变人类历史，城市的数字化正在成为现实，互联网导致分散化居住办公，楼宇智能技术已经改变了传统的生活模式……当今的技术使人重新复归部落化成为可能。[29]因此，技术之于当代建筑，不仅仅局限于技术本身的工具和方法层面的功用价值，其更成为了当代社会文明的载体，体现了更高阶的观念价值。

在表现上，采用新技术的高层建筑突破了方盒子的束缚，不但变得更高，而且体态更加自由（图 2-15）；多层建筑中出现了自由流体形态，建筑变得更加流动、柔软（图 2-16）。建筑越来越适应不同功能的需求与变化，人们可以不断地变换其内部功能和外观形式，在增加使用时间、节约资源的同时，新技术也能使建筑产生历史上从未有过的空间与实体形态。

图 2-15　加拿大某超高层投标的参赛方案[30]

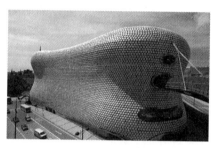

图 2-16　英国某超市[31]

以"高技派"代表罗杰斯、福斯特等建筑师为例，罗杰斯从重视技术表现转向为重视生态技术和可持续技术；皮亚诺也从开始的崇尚机器理性转向重视高技术与地方性文脉的结合；福斯特则注重对传统技术的挖掘，并结合现代的材料；赫尔佐格与德梅隆注重对新材料的运用和对传统细部文化的结合。诺曼·福斯特创作的日本爱玛仕大厦，是高技术与手工艺技术结合运用的代表。是现今最大的玻璃砖建筑，运用了新的构造技术来适应大尺度砌块在地震频发区的安全问题，全部砖块在意大利纯手工浇筑完成，每一块砖都具备独立的特质，清楚地表明这是一幢独一无二的艺术与技术高度契合的精品。

当代技术的价值荷载变得更加多元，技术进一步结合人文自然、生态节能等，综合体现为一种和谐的回归，综合效益评价高的技术才是今日的技术。它的范围扩大了，程度也变得更加复杂。过去技术是很表面化的，也许人们一眼就能辨认出它是技术型的建筑，原因是它运用了很多的钢和玻璃。而今天，真正的高技术建筑也许在外观上没有显著的变化，甚至有些还其貌不扬，但它内部却非常智能，拥有很高的技术含量。

复归的目的绝不是做以一当十的全能型选手，重温中世纪建筑师的旧梦，而是重新探寻和建立一种思维的高度和深度，一种对"群体整合"思想的深切体悟与切实运用。后者正是专业极端分化的过程中人们在有意无意间真正忽视了的东西。个体职能剥离的分化势不可当，建筑师的明智做法显然是要懂得与其他相关专业人士以及公众交流合作才是最具有现实意义的。这种回归与整合必须以正确的技术价值观看待建筑与其他专业的技术合作，以对价值理性的准确把握对待使用者和评判者。

2.3.3　阶段性概述

技术是构建人类整体和谐的有效手段。当代的技术更需要从历史的角度去审视，从文化的角度去考察，从生态与可持续发展的视野中来辨析。现代主义重视技术的理念和后现代主义重视文化的观念的矛盾开始被化解，在当代，和谐地体现为技术更加关照文化，而文化则体现对技术的回应。

（1）形态更加自由：现代主义崇尚机器工业和技术美学，由此带来的忽视人性、排斥多样化和抑制自由等一系列问题，这种机械、呆板和僵化的技术是人们无法接受的，因此引发了许多呼吁回归人文和情感的建筑创作倾向。

技术进步使得建筑形式获得空前的解放，技术可以满足一个无柱的巨大悬挑，也可以做到整个建筑处于流线型而没有成角的材料交接，甚至同样的体量、材质，但却可以根据需要变换"皮肤"的颜色……正是技术上的自由带来了建筑形式上的自由。在计算机技术的发展与支持下，当代的建筑形式更加自由多变，同古代对称式、三段式的形制模式以及现代主义时期的机器方盒子的僵化模式相比，建筑形式的自由程度已经充分得到释放。从"形式追随功能"到"形式追随技术"再到"形式追随情感"的口号式宣言来看，建筑创作已经进入了多元化的时期，在技术支撑下建筑形式走向了空前的自由。

（2）环境更加舒适：空间仅仅在形式上自由，已经远不能满足当代建筑对空间的需求，技术之于当代建筑创作的一个重要作用，就是推动了使用空间的"绿色化"。

在以往很多的实践中，建筑师更多地关注建筑自身的空间、形态等方面，而缺乏对环境舒适度应有的研究和思考，导致了对技术的选择缺少人性需求，由此产生了建筑与环境脱离甚至对立的窘境。当代的技术运用更促进了技术对建筑的人文关怀，体现在心理和物理两个层面：包括满足人的认知心理，符合人的行为心理，提供环境温湿度、空气清新度、光线舒适度、声学舒适度等方面的人性需求。

直至人类发现资源危机及环境问题才开始重新思考建筑与环境之间的关系。先进技术和传统地方技术融合，是解决建筑与环境矛盾的共生手段。那些能够降低资源的消耗、降低污染排放的技术被称为"绿色技术"。这些绿色技术的大量推广和使用，引领了一种建筑现象——绿色建筑。如福斯特设计的瑞士保险公司大楼，体现了绿色科技与生态的回归。绿色技术在很大程度上节约了过去在建筑建造上耗费的资源并减少了很多后期维护的费用。正是可持续发展的理念促使人们对建造所选用的技术进行筛选，并对能够降低能源消耗、减少污染排放的技术不断探索与开发。也因此会促使越来越多的包含绿色技术的建筑出现，并且这将会是一个主流的发展趋势。

（3）技术更加综合：当今的建造方式，已经日趋综合多元，在同一栋大楼里面，既可以使用主流的机器化的工艺建造，也可以有手工艺技术的运用，同时还可以运用最新的数字化手段，多种建造技术手段的结合，成为了当今建造方式的特点。比如，利用智能机器人、数控机床等进行建造加工，可以大大地减少施工误差，提高效率（图2-17）。

这一时期的技术力量空前强大，使人类许多过去的梦想变为可能。建筑创作更加依赖数字技术与多专业合作。通过互联网能够异地合作，创作团队可以与来自世界各地的相关部门实施远程合作。盖里创作的毕尔巴鄂美术馆借助于计算机和数控CATIA系统，能帮助生成支撑自由曲面的内部骨架，不必实际建造就能够发现并修改其中的不足，比草图和模型精确且有效得多，建筑师可以借助于数字化模型，对方案进行深入雕琢，同时进行内部空间与外部形体的塑造。盖里将计算机与数控机床直接相连接，方案的电子数据直接被数控机床设备读取并加工切割，开创了无纸化、高效率和返工率低的全新设计过程。数以万计的表皮金属板不仅在设计中要消耗大量时间，而且在工厂也必须单独加工，这一切如果离开了计算机是不可想象的。

  盖里的空间放线借助于空间激光定位得以实现，否则很难想象一个完全扭曲，任何构件之间没有任何关联尺寸的建筑，是如何在施工现场予以定位的。借助于当代先进的激光测量定位仪器，建筑师可方便地配合制造商的工作，这样既节约了制造成本，同时也提高了效率（图2-18）。

图2-17　数控机床在切割雷诺中心构件[32]

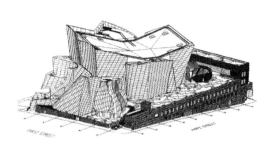

图2-18　盖里运用数字化进行模拟建造[33]

2.4　本 章 小 结

  首先，本章从人类建造的历史演进入手，对历史上的建筑技术现象进行归纳，把建筑中的技术发展划分为三个阶段：技术的缓慢发展阶段、技术的变革推动阶段和技术的和谐复归阶段。在每一阶段，参照人类科学技术整体发展的进程，进一步划分了该阶段的不同时期，以此确立了技术脉络的梳理框架。其次，按照"现象表现—特征分析"的逻辑关系，逐一地对每一阶段的技术自身发展特点以及技术对建筑的影响进行了剖析。概括了在技术的缓慢发展阶段，技术对建筑的影响总体上是缓慢推进，但同时对创作的制约体现得更为明显；在技术的变革推动阶段，技术对建筑的作用是快速推进，同时体现了对创作的变革影响；在技术的和谐复归阶段，技术对建筑的影响以多元为主，更多地体现了技术运用的和谐发展。

  本章以系统观的视角，确立了以建筑技术中的材料技术、构造技术、结构技术、工具和建造技术等为研究线索，通过对它们的生发过程和发展演变的剖析，以点代面地勾勒出建筑技术演进中的脉络影迹。

  需要指出的是，材料技术、构造技术和结构技术是建筑技术大系统中的子系统，它们彼此之间具有很高的依附性和关联度，因此在梳理的过程中，采用分述与综述相结合的方法。研究从材料、构造和结构三个技术的有效载体出发，是切入问题的不同角度，而不是将其割裂开来。

第3章 建筑技术的本质特征

技术特征体现了技术与建筑之间的相互作用关系，是技术与建筑之间本质的、内在的联系。如同研究基因离不开蛋白质一样，技术特征与建筑这个载体之间同样存在因果的映射关系。因此，按照逻辑学中原因条件和表现结果之间的对应关系来划分，技术运用和建筑现象之间的关系特征，可以分为：驱动性特征、支撑性特征和完善性特征。这三个方面也是围绕着技术与建筑的关系确立的三个视角。

任何一座建筑都包含着一套复杂的技术系统，技术特征的三个方面是各有侧重而不是截然的分开。因此，无论驱动性特征、支撑性特征还是完善性特征都是相对而言的，是特征表现的主要方面，是互动关联而不是完全孤立的。

3.1 驱动性特征

驱动性特征是指技术运用对建筑的推进作用，这个过程促进建筑产生了巨大的进步。在几次技术革命时期，技术的驱动性特征表现得最为充分。近代工业革命，当铸铁和玻璃第一次运用到建筑中时，使建筑产生了变革式的变化，引起建造方式、空间使用、外观形象出现了与以往截然不同的形式，进而改变了人们对建筑与技术的认知观念。当代信息革命，计算机在建筑设计与建造中的运用，又一次引发了建筑中的巨大变化，同时也对创作的观念层面产生了变革式的影响。驱动性特征体现了技术对建筑的作用力，这里指的技术是以人类整体技术进步作为背景的。驱动性贯穿了整个建筑的历史过程，是建筑变革的动力之一。

技术哲学领域中有公认的一个技术驱动模型，能很好地说明在建筑领域内，技术驱动与建筑变化的作用关系。这个模型是由美国科学家万勒瓦·布什（Vannevar Bush）于20世纪60年代首次提出的，其理论基础是：研究开发是技术推动构思的来源，创新主要是靠科学推动。科学研究成果导致新技术原理的建立和重大技术突破，科学技术先于生产，科学技术推动产品或工艺创新、创造出新的市场需求并激发潜在的市场需求，市场只是被动地接受研究开发成果。

建筑学的一个基本任务，便是将发展变化的外部促动因素与建筑结合起来，积极地引进新技术来促进建筑向前发展。从技术在建筑中应用的发展变化来看，技术对建筑的驱动过程同样经历了一个从简单到复杂、从低级到高级、从量变到质变的过程。其间既有发展积累的渐变驱动，同时也存在特定背景下的突变驱动，两者结合则形成了技术与建筑关系的整个历史，表现为螺旋性驱动。

3.1.1 变革性驱动

变革性驱动是在技术运用中集中的、爆发式的表现，这在技术革命期间表现最为明显。历史上，当铸铁和玻璃以预制装配技术在建筑中第一次出现的时候，造成了前所未有的建筑形式。空间形态也一改以往的既有形态，展现了技术的变革驱动力；及至当代，数字化在建筑中的应用技术同样彻底地改变了传统的设计与建造模式，空间、形式进一步解放，效率、精度大大提高，创作的可能性、可行性都在技术的保证下持续扩大，建筑进步繁荣的现状，体现了技术变革爆发的驱动力，这是研究建筑发展变化中深层作用的内因。

3.1.1.1 由新材料引发的变革

材料是组成建筑的最基本的要素，建筑运用材料来搭建空间，它又必然呈现为某一特定的形式，因此材料的运用是建筑学中最基本的问题。随着建筑的发展，人们经常不满足于现有材料的使用，常常会引进新材料到建筑领域中，从而形成新的建筑材料。

（1）近代新材料的引进——铸铁：新材料是相对于传统材料而言的，对于建筑来说，由其他行业引进的材料会对建筑产生巨大的驱动作用。比如，铸铁最早只是工业材料，开始仅应用于铁轨、造船和桥梁。在工业革命期间，铸铁被引进建筑领域以后，对建筑产生了巨大的影响，随即在各类建筑中开始大量运用，直至现代建筑的产生。

在近代工业革命中建筑的变化，充分体现了由材料主导而引发的建筑巨大变革，具体表现为：铸铁的引入使建筑出现了革命性的形象，建筑由铸铁和玻璃构成，内部的结构清晰可见，与以往砖石砌筑的建筑的厚重沉闷形成鲜明的对比。同时，与当时流行的文艺复兴的府邸风格的建筑相比，毫无古典比例、形制、尺度可言，建筑形象是全新的、颠覆式的，在当时引起了很大的轰动；铸铁创造了惊人的建造速度，当时的建筑还是以砖石砌筑为主，这种湿作业、小尺度、现场化的模式，迅速被铸铁的干作业、预制化、装配化所取代，开创了人类历史上全新的建造模式。

建于 1851 年的水晶宫（The Crystal Palace）（图 3-1），长 564m、宽 125m、高 3 层，是个"庞然大物"，建造中使用了包括铁柱 3200 根，铁梁 2300 条，与传统建筑相比，8 个月的建造工期可谓是创造了历史，更具革命意义的是其形象完全是颠覆式的。

图3-1 第一届世界工业博览会 展览馆——"水晶宫"[34]

新材料的引进应用，催生了建筑变革。虽然结构体系、施工方式也是变革的原因之一，但是主要根源还在于出现了铸铁这种材料，进而选择了适合这种材料的工艺和施工方式。水晶宫的出现，对当时的建筑创作产生了深远的影响：①材料方面，改变了创作中的材料观念，强韧、耐久、形式简单的铸铁材料，显示出了与石材、砖块截然不同的表现性，建筑师重新开始认识材料，对工业材料及其生产方式发生了兴趣，主观上推动了铸铁的大量应用。②空间方面，开敞的空间、流动的光线，令人认识到建筑不仅仅是形象，初步使人从过去关注建筑实体转向到关注建筑空间上面来。③建造方面，极大地改变了当时砖石砌筑的漫长工期，创作的视野瞬间被拓宽，从而引起了人们对预制装配建造技术的关注与研究。

（2）当代新材料的引进——高分子膜：高分子膜材料的雏形源于 19 世纪 30 年代，1907 年出现合成高分子酚醛树脂，标志着合成高分子材料的诞生。高分子膜最早并没有在建筑中运用，而是作为工业产品的原料，用于产品包装和军事用途。美国曾用鼓风机将膜布吹胀，用作野战医院以及制成包裹雷达的充气罩。自 20 世纪 50 年代开始进入建筑领域，一经使用立刻产生了全新的建筑空间和形象，发展至今已经成为建筑中重要的围护材料。对于以往"硬"的建筑材料来说，其柔软的界面是变革性的；对于以往需要个体连接的覆层材料来说，其可以连续大面积生产是变革性的；对于以往任何一种有厚度的材料来说，其几毫米超薄的厚度，是变革性的……此外，膜材具有好的可塑性，可以创作出变化的空间曲线；具有可调整的透明性，因此其视觉效果能适合不同建筑的需要。

德国慕尼黑安联体育场（Allianz Stadium）充分体现了这种新材料引入给体育场馆类建筑带来的变革（图3-2）。全新的形象，安联体育场采用了ETFE透明薄膜材料作为外皮，厚度仅仅为0.2 mm，墙体由2874个气垫膜构成，膜材表面细腻精致，具有优美饱满的弧线造型，一反建筑的传统形式，令人耳目一新。全新的功能，整个充气垫层薄膜系统白天透光透明，夜间能让整个场馆展现不同的颜色。当体育场中比赛的球队发生变化时，墙体颜色可以随之改变，人们可以根据颜色就可以判断主队比赛。外墙的数千个气垫其中一半在比赛中可以发光。建筑犹如一个巨大的自发光物体，完全打破了传统体育场馆的模式，具有变革意义。全新的性能，这种新型膜材具有节省能源、高抗污、抵抗灰尘沾黏及自洁功能。其透光度可达95%，重量极轻，同时还是一种可回收及再利用材料。另外，材料还能隔阻98%的紫外线，体现了对人的关怀（图3-3）。

图3-2　安联体育场的透明表皮[35]

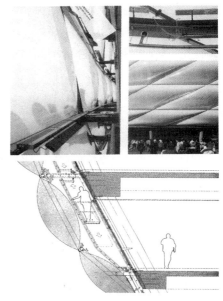

图3-3　膜材的外观与内部[35]

这些建筑上的巨大变化，在ETFE膜材出现之前，几乎是不能够想象的，因为没有一种传统材料可以做到。同时，也拓宽了建筑创作的观念与视野，打破了原来固有的理念。材料的运用绝不仅仅限于视觉上的变化，安联体育场给了我们很好的启示，半透明界面改变了传统意义上的空间概念：说它是封闭的——它分明透着光线和隐约可见的景物；说它是开敞的——作为围护的界面却又清楚地划分出内与外的空间；说它是固定的——那图案组合却总在变幻着颜色……材料技术的不断探索，给建筑带来的变革越发受到关注，从而更多地把创作的注意力引向对材料表现性潜力的挖掘上，对创作很有启示。

3.1.1.2 由新结构导致的变革

结构技术的变化导致建筑出现了变革。建筑师积极地探索、利用最新的结构技术、先进的计算方法与试验工具，以此驱动了建筑的变化、产生了全新的建筑形式。近代框架结构的出现，是这种驱动变革的最好的诠释，新的结构体系使承重结构与围护体系发生历史性的分离，彻底改变了以往的建筑形态。从古罗马的穹顶到哥特式的飞扶壁，人们一直致力于探索空间形态和结构形式的改变，结构技术一直是制约创作突破的瓶颈。19世纪初，英国出现铸铁结构的多层建筑，但铸铁框架通常是隐藏在砖石表面之后。1879年，威廉·詹尼用砖墙与混凝土混合结构建成了一个7层的货栈，直到1885年建成10层高的家庭生命保险大厦，才被认为是真正意义上的框架结构（图3-4）。整个建筑的重量由金属框架支撑，结构上没有承重墙，圆形铸铁柱子内填水泥灰，一至六层为锻铁工字梁，其余楼层用钢梁。采用标准的梁距，支撑砖拱楼板。用砖石做外立面，窗间墙和窗下墙为框架结构出现导致的变革是巨大的，直接导致了高层建筑的产生，其结构自身就是一个全新的建筑形象。由于框架体系导致了承重体系与围护体系的分离，建筑外墙不再承重，开窗不再受材料和力学的局限，从而出现了多种多样的表现形象。在建筑空间方面，框架结构可以比以往的砖石承重结构有更灵活的空间，以往的厚厚的墙体被单个的柱子取代；以往的大空间穹顶需要支撑在厚厚的墙体上，现在可以支撑在框架柱子上，空间不再封闭，出现了连续不间断的空间，视线通透、空气流通，使用更加方便、布局变得更加自由。

这种结构体系的出现对建筑创作的影响也是变革式的。19世纪末流行的文艺复兴时期的府邸

图3-4　芝加哥家庭生命保险大厦[36]

风格已经无法适应，使得建筑师对建筑风格有了新的认识，导致创作中进行了大量适合框架建筑风格的探索，出现了"芝加哥风格"——反映了当时全新的爆炸性的城市环境、科学技术先驱精神和新的房屋建造方法，最终导致了现代建筑的产生。创作中重视与工程师合作。工程师创造性地发明试验、建造桥梁、车站等经验，使建筑创作更加科学有效。由于"空间"从实体中解放出来，"空间"的观念开始深入人心，建筑进一步走向现代化。框架结构体系是人类建筑技术上的重大飞跃，从本质上把现代建筑同古代建筑区别开来。

3.1.2 渐进性驱动

同变革式驱动相比，渐进性驱动依托更大的科技背景，并体现了建筑外部技术的引进；而渐进性驱动则体现为，建筑既有技术长时间的发展更新对建筑的影响，又具有前后的连续性和顺承关系。

3.1.2.1 材料对建筑的渐进驱动

建筑中古老的材料，在漫长的建筑发展过程中，其自身的发展和工艺的进步，对建筑产生的驱动是漫长的、渐进的。其间包含了材料性能的改进、材料表现性的增强、运用工艺的提高等，而这些材料自身的渐进变化，则直接地反映在建筑的变化之中。以砖的运用变化为例，人类对砖的运用，经历了"生土胚→熟土烧制→陶土砖→釉面砖→特种砖"的漫长过程，同时也发展了"叠砌→灰浆砌筑→拱券→穹顶"的砌筑工艺，材料技术渐变的过程，体现出技术渐进是有时间的、先后发展顺序的，一个技术的变化是建立在上一个技术变化基础之上的，是在不断的应用、积累和摸索中，逐步完善进步的。

（1）砖砌技术是最古老的技术，最初人们只是通过砌墙来围合分隔空间。砖墙被赋予了承重与防御功能，如中世纪的城堡。由于它简单实用，成为易于实施的一种结构体系。同以往更原始的材料相比，砖墙体的运用对建筑的发展产生了以下影响：①提高了墙体下部抗雨水侵蚀的能力，为建筑出檐渐短创造了条件。②墙体的使用寿命被延长。③墙体的收分由大变小直至消失。墙的厚度由厚变薄，建筑的有效面积增大。④使硬山墙出现成为可能（图3-5）。

（2）砖拱券技术促进了建筑墙体和装饰工艺的发展，建筑需要满足采光、出入等要求，必然涉及墙体开洞问题。洞口早期以石头过梁支撑，开洞受到石料尺寸的限制，后期才出现了拱券，尺度被进一步放大，这是一种完美的构造形式，它充分地发挥了砖石耐压的力学性能，优美的曲线是简洁传力途径的完美表达（图3-6）。拱券的形成是依据静力学原理，在建造拱券的过程中，拱的起券高度会影响到拱的施工方法。因为拱的起券越平，砖块砌筑的角度就越大。这时砖块之间的摩擦力并不能平衡砖本身的重量。所以，建造时都需要支模板。拱券技术是砖材料技术逐渐发展演变而来的，对建筑产生了很大影响：①同石梁相比，建筑的开洞开口可以做得更大，因此立面的创作获得了一定的自由；②在建筑中出现了曲线，丰富了建筑立面的构图，增加了建筑的形式变化；③拱券柱廊使建筑的空间变得丰富，拓宽了人们对空间的认识。

图3-5　希腊阿拉斯神庙砖墙[37]　　　　图3-6　巴黎圣母院拱券[20]

（3）砖穹顶技术是砖砌工艺的最高体现，平面拱券技术的进一步发展，使得最终出现了空间穹顶。砖石在穹顶构造中发挥了更大的效率，构件整体受力发展为空间受力。佛罗伦萨大教堂穹顶的建造达到了一个历史上的高峰（图3-7），穹顶的材料分为两部分：底部是承载力更大的砂岩石，穹顶高度到达21m时改用较轻的砖块砌筑以减轻重量。拱券技术对建筑的影响是突破性的：①出现了相对较大的空间，突破了历史上的空间极限；②在建筑形象上，出现了以穹顶为核心集中构图的建筑形式。

图3-7 佛罗伦萨教堂穹顶[20]

从上述砖材料运用技术的渐变过程，我们看到了建筑逐渐发生的变化。建筑形式上的渐变，砖从只能砌筑简单门窗洞口开始，到可以大尺度地发券，再到中心构图的大穹顶，建筑体量不断增大，建筑中出现了弧线，建筑形式不断地被丰富；建筑空间上的渐变，砖从单一简单的单元式空间、矩形空间，到逐渐出现了不同风格的拱券柱廊，再到中心控制的穹顶大空间，建筑空间的使用功能逐渐提升，材料技术的合理运用逐步使空间获得了解放。

3.1.2.2 结构对建筑的渐进驱动

结构技术的变革是需要以新材料或新体系出现作为基础的，一般发生在技术革命的特定时期。而结构技术的发展是从未停止过的，技术进步是建立在上一个进步的基础之上的，在时间上有衔接紧密的连续性，因此在更长的时段内表现为渐进的发展过程。比如，框架结构技术从诞生以来，不断地发展，经历了框架结构→剪力墙结构→框架剪力墙结构→筒体结构等，这些技术在建筑上的应用也依次出现了多层建筑→高层建筑→超高层建筑→摩天楼。不同结构适用于不同范围，这个演化过程体现了结构技术对建筑演进的渐进驱动的过程。

（1）框架结构诞生于19世纪，当时建筑仍摆脱不开砖石承重墙体系，芝加哥16层的Monadnock大楼，采用砖墙承重，底部墙厚竟达1.8m。后来出现了钢铁框架体系，1801年在英国曼彻斯特建成了内部采用铸铁框架承重的仓库，框架梁第一次采用"工"字形截面。1883年建造的11层芝加哥家庭保险公司大楼，采用由铸铁柱和熟铁梁所构成的框架来承担全部荷载，外围砖墙仅承担自重。

自此，框架结构成为了建造高层的技术保证，在随后的100余年里，随着技术在运用过程中的不断完善，框架结构成为现代建筑结构技术中最主要的形式。当今的框架结构一般采用钢结构或者钢筋混凝土结构，常与填充墙体结合，在多层建筑或者小高层建筑中是目前最为普遍的结构形式。

（2）剪力墙结构诞生于20世纪初，由于在结构理论方面突破了纯框架抗侧力体系，在框架中设置竖向支撑或剪力墙，增强结构的抗推刚度和强度，使高层建筑进一步向更多的层数发展。1905年纽约建成了50层的地铁公司大楼；1913年建造了60层、高234m的伍尔沃斯大楼；1929年建造了319m的克莱斯勒大厦；1931年又建造了著名的102层、高381m的帝国大厦。

这一时期的高楼结构技术发展很快，然而由于结构设计仍未摆脱平面结构理论，而且建筑材料的强度低、质量大，所以导致了整个大楼的材料用量较多，结构自重很大。

（3）筒体结构的产生晚于剪力墙结构，是在空间结构理论发展之后产生的，更适合建造超高层和摩天大楼。从吉隆坡石油大厦、台北101大厦，到2008年落成的492m高的上海环球金融中心都运用了筒体结构。此外，还包括阿拉伯联合酋长国即将建成的818m高的"迪拜塔"（BURJ DUBAI）（图3-8），以及拟建的2800m高的世界第一高楼（图3-9）。

筒体结构再一次体现了技术的巨大优势，1931年建造的381m高的帝国大厦，采用框架平面结构体系，用钢量为206kg/m²，而1974年建造的高442m的西尔斯大厦，采用框筒束这一立体结构体系，用钢量为161kg/m²，比前者减少20%。

图3-8　阿联酋818m高的迪拜塔[67]

图3-9　迪拜拟建的
2800m的高楼[30]

从早期的框架结构探索开始，结构技术在运用中就不断地探索提高，陆续出现了许多方面的技术改进，比如从铸铁到锻铁再到钢筋混凝土材料的使用，从部分使用钢铁到全面使用钢框架体系等。这些技术进步，都直接反映在建筑表现上。近几十年来又出现了多种轻质高强的建筑材料，比如最新研制的被用来制造赛车的碳纤维材料，引进到建筑结构中以后，将会产生出更高效的结构体系，已经有建筑师在探索这方面的应用了。

自框架结构技术出现的100余年间，技术发展导致建筑出现了以下的渐变表现：①墙体由最初的1.8m厚，到当今的几乎可以忽略厚度的玻璃幕墙，围护材料也经历了砖、石材、砌块、复合材料等一系列的渐变过程。在变化的过程中，虽然也有材料强度、配套设备等综合作用的原因，但是本质上离不开结构体系与围护体系分离的根源，而这个逐渐分离的过程，正是技术对建筑渐进驱动的写照。②体量由最初的50m高一步一步发展到今天的800m高，结构技术的不断探索，是建筑高度不断攀升的驱动根源，其中，不论筒体结构、筒中筒结构还是剪力墙结构等，都是由最初的框架结构的原型一步一步发展而来的。框架结构技术的发展史，同时也可以看做是一部高层建筑的发展史。③形态由最初方正规矩的"盒子"形态发展为今天更为多样化的形态，由封闭厚重的实体形态发展到今天通透轻盈的"虚幻"形态，当今框架结构出现了更多的形态选择，包括扭转、弧线、动态等，不规则形态已经不再令人惊奇，这个变化过程，也是逐渐发展的，是技术运用对建筑产生影响的渐变结果。

哈尔·列恩格（Hal Lyengar）曾写道："高层建筑的造型很大程度上受结构体系的影响。建筑物越高，这种影响就越大。"[38]结构技术使得人们建造的高度不断地创造历史，结构技术催生了全新的建筑形态，当代人们可以充分地体会高科技技术力量和新时代的建筑形象，而这些现象的背后，则是技术点点滴滴、日积月累的进步的溪流，才得以汇成今日技术进步之大海。

3.1.3 螺旋性驱动

在建筑漫长的发展过程中，技术对建筑的驱动作用，并不是直线演化的，而是既有技术变革性驱动带来的面貌革新，也有技术渐进性驱动产生的更新变化，既反映了量的积累，也包含了质的飞跃，体现了渐变上升和突变上升交替的螺旋式过程。

（1）"S"形螺旋上升模型：该模型认为，技术发展的模式是：在技术体系内，首先发展起主导技术，它在"初期"的发展是极为缓慢的，接着由于某些突破性技术问题的解决，以及由主导技术而产生的新工业部门的需求的迅速增长，使得该主导技术呈现出一个指数发展的加速时期；到一定阶段，又呈现出减速发展；最后，由于各方面的局限，呈现出饱和状态。这是一种"S"形的发展模式。

当原有技术需求达到饱和，而新的需求无法满足时，就产生了不可调和的矛盾，需要寻找技术发展的新突破口。这时，技术发展就要通过产生新的主导技术来实现，每出现一次新的主导技术，都使技术跳跃到一个新的阶段，使技术发展表现出非连续性。新主导技术的"S"形发展又在一个更高的水平上呈现出来，并且由于连锁反应而形成新的技术体系。但是在每一个发展阶段内，技术则是连续的，这是技术的积累和技术体系的形成时期，在这个时期内，虽然也有新技术产生，但并不能突破自身所属的技术体系。这种变革模式是一个渐进的量的积累和飞跃的质的突变相互交替的过程，技术发展的更替性与加速性，是技术发展过程中固有的规律。新的主导技术群的产生还受经济、政治、教育、资源、文化等的影响。

（2）材料与结构对建筑的螺旋性驱动：螺旋性驱动的过程是技术对建筑驱动的漫长发展过程。这个过程包含技术革命阶段和技术缓慢发展阶段。在技术革命阶段内，新技术对建筑产生了变革性驱动，随后新技术开始在建筑中普及应用，进入了技术缓慢发展阶段，技术缓慢发展阶段体现了技术对建筑的渐进性驱动。而技术发展到了一定阶段，已经不能满足建筑的要求，则建筑又要求有新的技术出现来适应变化，重新开始了下一轮新的驱动。这一轮新的驱动是建立在更高的起点之上的，是更高级层面的从变革到渐进的循环过程。

混凝土材料与结构技术在历史上的发展，体现了技术对建筑产生的螺旋性驱动。历史上，混凝土在建筑中的应用产生了两次大的变革，在每次变革的初期，作为新材料、新技术的混凝土使建筑发生了飞跃式的变化；在每次变革的随后的阶段，则开始了缓慢的发展应用阶段，通过不断的技术更新，给建筑带来了渐进的变化。

混凝土材料及结构技术运用的第一次变革发生在公元 0 年前后，古罗马人焚烧石灰华得到石灰，与维苏威火山灰混合得到了天然水泥，将碎砖片、石灰华的碎块用作骨料。用火山灰加入泥浆中和成砌筑砖料的胶粘剂，这便是混凝土的雏形。这是材料技术发展历史上的重大进步。人们利用混凝土与块砖混合，建造了当时的建筑奇迹——万神庙。其穹顶先用砖发券，然后再浇筑混凝土。穹顶直径为 43.4m 的跨度纪录保持了近 1000 年，直到 1960 年才被在罗马新体育馆 100m 跨度的圆顶超过。这是混凝土材料技术第一次体现了技术的变革性的驱动力。正如怀特海（A. N. White-head）所说："罗马帝国的存在，全凭将技术广泛地使用于道路、桥梁、水道的建筑"。[39] 如果没有这种材料技术，便不会有当时古罗马的大型公共浴场等建筑。然而，随着罗马帝国的灭亡，这种先进的技术却进入了相当漫长的缓慢发展期，以至于到了19世纪中叶，石材仍是欧洲唯我独尊的材料主流。

混凝土材料及结构技术运用的第二次变革发生在近代工业革命时期，自19世纪20年代出现了波特兰水泥以后，由于其配制的混凝土具有工程所需要的强度和耐久性，而且原料易得、造价较低、特别是能耗较低，因此在工业、航海、桥梁等领域应用广泛。1848年，出现了钢筋混凝土，1872年，世界第一座钢筋混凝土结构的建筑在美国纽约落成，人类建筑史上一个崭新的纪元从此开始。随后预应力钢筋混凝土出现，使高层建筑与大跨度桥梁的建造成为可能。可以说没有混凝土就没有现代建筑，体现了混凝土材料技术对现在建筑产生的巨大的驱动力。当代，混凝土的技术发展已经非常迅速，各项指标性能大幅度改进提升，透明混凝土、能够显示电子信息的混凝土墙面已经出现，这将会进一步给建筑带来更为深刻的变革。

从混凝土技术登上历史舞台至今，带来了建筑领域的全面变化，其推动力之大，远非其他材料、技术可比。从变革性驱动到渐进性驱动，混凝土材料技术整体上体现了对建筑是一个螺旋驱动的过程。这并非直线性的驱动，在两次变革之间出现了技术缓慢的变化过程；自万神庙以后，中世纪和文艺复兴时期混凝土技术的发展十分缓慢。直到近代工业革命以后，混凝土技术才重新开始了对建筑新一轮的驱动。

3.2　支撑性特征

支撑性特征是指建筑自身发展对技术提出了相应需求，需要通过技术手段来实现。支撑性特征体现了技术运用是建筑各种需求得以实现的保证。建筑需求是不断发展变化的。比如，由于火车和飞机的出现，则出现了火车站与飞机场。同样的体育场，古罗马的斗兽场同现代的体育馆的需求有很大差别。当代建筑在使用功能、表现形式和创作理念上，都有更多、更高的要求，这也需要运用技术来实现。支撑性特征是建筑对技术需求的必要条件。

技术哲学领域存在一个市场需求拉引模型，由美国经济学家施莫克勒（J. Schmookler）提出，即需求因素在创新中比科学技术潜力更为重要。市场需求拉引模型认为，技术创新始于市场需求，具体过程是：市场对产品和技术提出明确要求，引导应用研究与开发研究，研制出适应市场需求的产品或工艺创新，推向市场，满足市场的需求，它受市场需求的引导制约。

建筑自身的需求变化对技术提出了不同的要求，技术通过不断的自我完善，来保证建筑的需求得以实现，这个过程体现了技术对建筑的支撑作用。技术对建筑的支撑性，表现出了在创作中有多种技术可供选择：不同技术手段之间可以相关替代，运用不同的材料、工艺和结构技术可以达到相似或相近的效果。比如有观演功能需要的大跨度场馆，既可以运用桁架技术，也可以用网架技术，还可以运用悬索、拱壳等技术，当代更出现了膜结构、钢构编织等新结构体系。同时，还可以有多种材料、工艺做法可供选择，这体现了技术对建筑需要进行支撑的多样性和丰富性。

除了功能以外，建筑形式变化的需求以及创作理念的发展，也对技术提出了要求，因此支撑性特征中还包含了技术对建筑形式与建筑理念的支撑。

3.2.1　功能支撑

从历史上看，建筑功能与用途是不断发展变化的。今日的住宅和古代的民居在功能需求上有着天壤之别，同样的教堂在声学、光学和舒适度上的差别也不可同日而语。新的社会生产、生活方式又致使出现了许多新的建筑类型——就像当初火车和飞机的出现导致了火车站与航空港的诞生一样。电信的发展，导致出现了电视塔，城市的郊区化导致出现了大型的 Shopping Mall……由于建筑不断发展的功能需求，致使技术手段不断发展并与之适应，这个适应的过程，体现了技术对建筑功能的支撑特征。

3.2.1.1　技术对建筑本身的支撑

建筑如何站立起来，又为何屹立不倒。这是建筑能够存在并使用的基本前提，是出于建筑本身的最基本需要。

远古时代人们已经懂得利用技术对建筑的自身性能进行改善：木桩直接插入地上的孔洞，不久就会腐烂，后来把木桩凿入到石块之中，增加了木桩的耐久性，而被凿孔洞的石块逐渐形成房屋的基础……之后，建筑根据自身的进一步需要，不断要求技术手段适应其发展变化：需要木材等建筑构件能够防火、防水、防蚊虫等，促使人们不断地实践探索，通过木材的干燥、涂以树脂等手段，解决了材料自身的问题，促进了材料技术水平的提高，这是最初利用技术手段改善建筑耐久性能的体现。技术经过改进提高以后，给建筑功能需要提供了更有利的保证。

当代，建筑的高度与体量不断加大，荷载与日俱增，自身结构安全对技术的依赖关系更为紧密。出于这种需要，导致人们越发重视对防震、抗震技术的研究。尤其在地震频繁的国家，建筑的防震需要更为突出，抗震性能成为技术首先要考虑的方面。比如，日本在结构体系、构造工艺、材料选择和设备设施等技术领域，都体现了较高的抗震水平。

技术是不断发展进步的，技术措施和手段也不断给建筑提供更多、更好的解答方案。这种强有力的支撑，使建筑得以更稳定、更安全地存在于自然界之中。此外，建筑自身还有耐久性要求，良好的技术措施和技术细节可以使建筑的寿命更长，比如佛罗伦萨的穹顶，每一块砖都是经过风干 2 年以上精选出来的，并采用了极严格的建造工艺。建筑还需要抵抗风蚀、材料氧化、表面结露等自然长时间作用，因此催生了许多这方面的构造技术的产生发展，比如露明的木质构造需要涂以丹漆防腐、北方墙体转角的护壁砖局部加厚、利用天沟出挑防雨防渗等措施。这些问题的不断解决，体现了技术对建筑自身功能的支撑。

3.2.1.2　技术对建筑基本功能的支撑

建筑的基本功能体现了建造的目的性，是指使人从自然界的严酷条件下分离出来，为人提供遮风挡雨的庇护所，还包括给人提供舒适的温湿度环境、光环境和声音环境等。

正如建筑师路斯所说："建筑师的根本任务在于创造一个温暖宜居的空间。毯子便是温暖而宜居的材料，建筑师便决定在地上放一块，并在边上挂起四块，从而形成四面的墙体"。[40]早期的火炉处于地板中央，通过屋顶上面的孔洞排烟，为了保证生火时不漏雨，有时候给屋顶加个盖子。进一步，火炉变为壁炉，被移到了外墙上，发展为烟囱。壁炉虽然会损失一些热量，但会提高室内的舒适感，这是人类首次将舒适度作为基本需求的例证。[39]

这个因功能需要产生的变化，促使人们运用技术去研究如何把烟囱与墙壁有效且美观地结合在一起。开始用木制，后来改为石砌，进而用泥浆堵住缝隙加强热工防护。技术总是在功能需要的指引下，不断探索、不断进步，最终技术在完成使命的同时，也体现对建筑的支撑功能。

当代建筑的基本功能进一步拓展，一方面表现为对交通、采光、通风、取暖和制冷等舒适性的要求变高；另一方面，由于建筑朝着更高、更大、更复杂的方向发展，各种要求变得日益复杂化、精细化，因而在近代产生了水暖电等各种专门的配套技术，专门满足建筑各种功能的需要。建筑的高标准需求，要求有适合的技术系统配合。对于当代建筑来说，设备运用技术比以往任何一个时代都具有重要意义。在不断提升的建筑功能中，设备技术也日益提高。建筑越来越高、越来越大，传统的升降机技术已经不能适应，因而出现了高速电梯，台北101大厦480m的高度到达时间只需39秒。各种设备与管道同时在建筑中占用一定的空间，而且有加大的趋势。建筑成为了各种技术系统的综合体，借用生物解剖的观点来看，建筑可以被看做为一个有机体：骨骼系统对应着建筑结构体系、皮肤组织对应着建筑围护体系、呼吸系统对应着采暖通风系统、神经系统对应着电路网络系统等。各系统相互联系并协调运作，才能创造出优质高效的室内环境。对应各个系统的各项专门化的技术，则在自身不断的发展中支撑着建筑的各项需求。

出于功能需要，建筑设备构件在建筑中所占空间越来越大。所以，对技术手段的要求也越来越高。技术手段也体现为对各系统的整合，以路易斯·康设计的金贝尔美术馆为例，美术馆采用混凝土拱顶，既作为支撑结构，同时也是建筑的围护界面，弧形曲面形成了内部空间，依靠它的摆线状的顶棚与自然采光脊背结合，两侧整合了管线，同时还融入了为艺术品提供光照的设备。康运用技术处理手段，把结构与围护、设备与内部构件进行结合处理，体现了设备与空间完美的结合（图3-10）。

图3-10　金贝尔美术馆[30]

3.2.1.3　技术对建筑衍生功能的支撑

建筑的特殊用途导致了其衍生功能，这是基于基本功能，但又根据不同用途而衍生出来的功能。

当代建筑对声学环境有着很高的要求，比如音乐厅、歌剧院等；对光环境有着很高的要求，比如美术馆、博物馆和图书馆等对光环境要求各有侧重。教堂的神学使命，要求其空间纯净，对声、光环境都有特殊的需要，因此自然光与人工光在建筑中的运用技术，成为在教堂创作中运用技术措施解决问题的重点。美国洛杉矶水晶教堂一改传统教堂的幽暗封闭，大量运用现代科技技术，使用现代钢结构和玻璃材料代替厚重的砖石结构和封闭的外墙，内部运用大量玻璃以加强反射，甚至敦实的钟塔也被现代科学含义的晶莹剔透的玻璃塔取代，以独特的方式阐释了对"光明"的理解。在当代的音乐厅堂设计中，声学技术是建筑功能的基础保障，建筑师需要对空间、界面、声源和混响时间等一系列问题作出正确的技术解答，在考虑空间、形式、材料的同时往往还需要与更加专业的声效公司合作。

此外，当代建筑衍生功能也日趋多元化。建筑中某些特殊用途的功能，还需要借助于计算机控制设备来实现。比如，LED 照明系统即电子发光二极管在建筑中的应用，它与计算机结合，能够改变光源颜色、强度以及变换频率；如果与音乐结合，光的颜色和强度会随着音乐的旋律和节奏发生同步改变，成为新的景观特色。建筑中还出现了信息提示功能，美国 Fabrica 交互式艺术部的 Andy Cameron、Daniel Hirschmann 等设计的"音乐楼梯"是一个把设备技术同建筑构件结合起来的装置，当行人在楼梯上走动的时候，他们的脚步会触发出音乐声（图 3-11），"音乐楼梯"的每一梯阶都装有传感器，信号通过电路板传给电子音效设备，并发出声音。

图 3-11　"音乐"楼梯[7]

建筑的衍生功能还在不断变化，大到万人使用的体育馆，小到个性化的私人空间，甚至一个建筑的细部构件，都需要利用技术手段给予其特殊的支撑。尤其是当代计算机技术在各个领域的结合运用，技术更多的是以技术集成的形式出现，各类技术的综合运用才能够更好地满足建筑需求。因为有了不断进步的技术手段，才使得建筑创作的领域被拓宽，人们的设想才有了更高实现的可能。

3.2.2　形式支撑

建筑形式不同于艺术形式的关键区别在于，艺术家的个性可以决定艺术形式，而建筑作品很大程度上决定于技术法则，而这些客观的技术法则并不完全取决于建筑师的个性。建筑发展到一定时期，仅仅满足功能还远不能适应人类社会的需要，同样的功能下，人们渴望赋予其更加丰富多样的形式，这里既包括空间形态也包括外观形象。正如建筑师路斯所言的服装与时装的区别一样，时装作为形式上的产物，更多的是感官上的吸引。[41]建筑虽不能与时装类比，但仅从形式来说，也一样需要更多、更丰富的视觉式样。比如就航空港的形式来讲，沙里宁创作的杜勒斯国际机场与沙特阿拉伯的国王机场，在形式方面完全不同。前者运用了混凝土技术、外观呈流线型，被誉为"飞鸟"；后者运用了数十万米的帐篷顶膜材，形象具有地域性特征。历史上，也正是对建筑技术的不断探索跋涉，才使建筑师形式的梦想得以实现。

3.2.2.1　支撑形式创新

某种程度上，建筑学毕竟是涉及形态创造的艺术，形式创新一直是建筑创作中重要的探索方向。从野口勇到彼得·埃森曼再到库哈斯，不同年代对于形式的追求，竟然有趋同之处（图 3-12）。野口勇的作品是纯形式，埃森曼的马克思·莱茵哈特大厦虽然在竞赛中胜出，但限于当时的技术条件，也只能停留在纸面上，只有库哈斯的 CCTV 大楼借助于当代强大的各种技术的支撑，实现了他的形式梦想。

CCTV 大楼的创新形式离不开当代复杂结构体系技术的发展。这是一种不能用传统的线性模型简化计算的结构，体现为力流在平面内错综交叉，在空间上多向传递的特征。当代，在计算机的运用下，复杂结构和非常规的结构实现了验算条件，从而为复杂形式的出现提供了可能。

复杂结构给建筑形式带来了巨大的变化，颠覆了传统的"梁板柱"的传力体系。CCTV 大楼采用表皮承重的结构方式，荷载由表面类似编制的钢构结构体系传给大地，大楼外表图案真实地反映了建筑的受力状况。阿鲁普（Arup）结构事务所在设计时将大楼设计成空间网状钢构结构，菱形网格同时形成了幕墙的表皮图案。设计时首先用 LS-DYNA 软件计算网格构件均匀布置时的情况，构件颜色代表材料进入塑性发展的程度，也代表该区域表皮的受力大小，受力大的地方可以将构件布置加密，而在受力小的区域内构件可以布置稀疏。阿鲁普结构事务所的计算机用 LS-DYNA 软件连续计算了数天，计算结果对最终确定非均匀网格方案起到关键作用（图 3-13）。

图 3-12 马克思·莱茵哈特大厦[42]

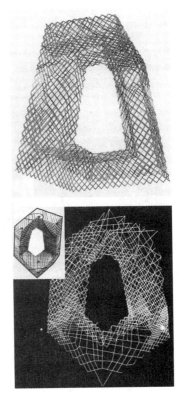

图 3-13 CCTV 大楼的力流
分析图[43]

可以肯定，没有计算机、没有非线性的结构计算理论，则不可能实现复杂结构体系的验算。而这种体系一旦在建筑中运用，马上给建筑形式带来了全新的形象。复杂结构对建筑形象创新的支撑，是以往任何采用框架结构技术的建筑很难做到的。表面的金属编织是力学计算的反映，做到了技术与艺术真实的统一，体现了结构技术在创作中的巨大支撑力量。由于结构技术不断发展，从而使解构、扭转、变形、折叠等观念变得更加现实。垂直、正交、简洁等结构观念已经不再是结构构思的全部，结构技术的发展已经让人意识到了梁板柱的力学理性过于抑制，因此，创作中出现了一定的"非理性"形式，而复杂结构技术则给建筑形式带来了更多的可能性。

3.2.2.2　支撑形式变异

变异形式是相对于基本形式而言的，这是当代建筑形式发展中的一个重要现象。建筑形态不规则、动态柔软、没有转角交接、没有屋盖与外墙的区分，犹如一个手帕般把梁柱、楼板和设备统统包裹在里面（图3-14）。这里并不是说建筑没有了连接和构造，而是为了强调空间与体量的形式感而弱化了材料、构造的视觉显现，或者说它们刻意被藏匿起来。被隐藏的连接构造、材料本身的工艺，完全被另一种技术取代——表皮技术。由此，表皮技术得以发展，比如，曲面玻璃幕墙的连接工艺、铝板的覆层工艺等。这对材料技术工艺的要求更高，更促进了材料技术的进一步探索与突破。大面积硬质玻璃被赋予柔软的表皮界面，技术解决了连接的工艺问题，使得当前表皮得以进一步地广泛应用，从而改变了建筑的表皮形式。玻璃幕墙的连接，从框式连接到隐框式连接、点式连接、十字连接、再到全隐式连接，工艺的改进满足了建筑师对不同形式的需要。时至今日，曲面玻璃、流线体块形玻璃开始出现，进而又出现了新型的节点连接技术。奥地利的格拉茨美术馆可以看做是一个变异形式的例子，整个建筑没有一处是平面，所有的玻璃都需要单独加工，连接的技术更是巧妙，显示了技术强大的造型能力（图3-15）。

图3-14　德国BMW中心[30]

图3-15　曲面玻璃幕墙[33]

建筑师构思出了变异的形象，则需要非常规的技术来实施配合。过程中，体现了技术对变异形式的支撑是全方位的：从结构技术、构造工艺到材料技术，都是全新的变异形象得以实现的保证。建筑师卡拉特拉瓦创作的建筑大都形式自由、富于变化、充满动感，这得益于他对结构技术的长期探索，并将这些结构构件组合优化的结果。不断提升的结构技术对其形式感极强的建筑表现，起到了决定性的作用。

3.2.2.3　支撑形式更新

基本形式可以理解为当今大量主流的建筑形式，通常采用常规的"梁板柱"结构体系来建造。这种主流建筑形式的一个特点就是，大部分采用传统欧几里得几何形体，表现为有相邻立面的转角交接、有平面与立面的连接、有屋顶与外墙的处理等常规手段。

现代主义期间，"国际式"风格的方盒子建筑形式的产生，需要模数化、预制化、装配化等技术手段来支撑；直接导致了构造节点、材料等工业化的技术运用。而当代建筑形式向多元化发展，在强调呈现建造过程与重视建构形式的背景下，则需要材料技术、构造技术被突显出来，真实性和表现性成为构造技术的运用倾向，在形式上也给建筑形式带来了许多变化。

这种技术支撑还体现在大量性民用建筑中，利用地热技术对建筑形式的改变就是一例。由于寒地建筑主要依靠散热器取暖，因此外围护墙体的窗下墙要预留暖气的位置、窗上要预留管道的空间，这既是对建筑外部形象灵活性的限制，同时散热器与管道也占用了大量的室内空间。建筑师与设备人员一直希望这种矛盾能得以改观，进而开始了对采暖技术的探索与研究，最终出现了地热辐射技术。地热辐射技术取代了散热器，窗下空间自由了、窗上管道消失了，不但改善了室内空间、提高了使用效率，同时，外墙开窗孔洞的灵活程度也相应增强了。

建筑形象背后，是思想意识形态和当时技术手段共同作用的结果，其中是先出现某种需要，进而对技术提出要求，技术的发展完善充分地显示了其支撑作用。

3.2.3 理念支撑

理念一般是指"看法、思想、思维活动的结果"。不同时期的经济技术条件和文化发展水平影响了不同理念进入建筑学领域的方式，并决定了它们在不同时期表现的强弱程度。功能是建筑的天生使命，一定程度上决定于客观需要；形式是建筑的外在表征，虽是客观存在，但很大的程度是源自主观的想象；而创作理念则包含了对两者的计划安排，并随着时期不同而敏感地变化。因此，除了对功能与形式以外，技术还表现出对创作理念的支撑。不同的理念会选择不同的技术，进而导致相应的功能和形式。

理念是对实践应用的总结，反过来又会作用到接续的实践应用当中。因此，理念的形成是十分复杂的。从建筑现象来看，理念的形成过程中有两方面内容起到组织与推进作用：一是文化思潮的影响，二是技术实践的总结。文化与技术在理念形成过程中的强弱不同的表现，导致了理念发展的不同侧重。比如：后现代主义、结构主义等流派的创作理念明显是文化思潮作为主导，而高技派的创作理念的产生必然不能脱离对技术进步的实践依赖，当代的绿色建筑理念、生态建筑理念和可持续发展的建筑理念则更是深深地根植于技术法则之中。

3.2.3.1 技术对理念本源的支撑

本源理念可以追溯到维特鲁威在《建筑十书》中提到的"坚固、美观、耐用"，这是当时总结的建筑创作观念。而在阿尔伯蒂版的《建筑十书》中，也论述了材料分类、加工方式及属性、建筑组成构件和建造的工艺等。可见，古代对于建筑实践的总结主要是对技术的部分概括。工业革命之前，对一种新技术的认识极大地依赖于手工艺人的摸索，同时会根据以往的经验，或者经过大量的"试错"来获得教训，对于建筑的想象全部来自于对技术的熟练掌握程度。因此，建造理念对技术有很大程度上的依赖。技术帮助建筑师建造，同时也帮助认识、理解建造过程和建筑现象，并逐渐形成一定的创作理念，是一个"实践—理论—实践"的循环过程。

近代，技术先在工程和生产领域发生变化，进而带来了社会生活的变化，最后经过对传统建筑理念的否定才上升到新的理念高度上来。古典模式不再适用，现代主义理念在技术的支撑下熠熠生辉。让人们看到了技术对理念形成的巨大推动力量。后期的机器美学、工艺美学等理念的形成都是与技术发展的强大支撑分不开的。当然，在最初的变化中，新形态也存在着强烈的争议。就像当初的"水晶宫"，由于采用了全新的材料与建造技术，与根深蒂固的古典理念相悖，曾被人一度耻笑"是一个放大的花房"；还有横遭非议的埃菲尔铁塔，作家莫泊桑认为"只有在铁塔上才不会做噩梦，因为看不到它"。[44]它们都打破了以往建筑形态的清规，以全新的面貌出现，为理念的进一步发展注入了鲜活的例子。在这个历史性的变化中，建筑技术与材料扮演着重要的角色，随着新材料在建筑中广泛普遍的应用，建筑由技术支撑而产生的形态上的变化，才上升为理念的高度，渐渐被人们所接受。

3.2.3.2 技术对理念植入的支撑

技术支撑了其他学科的思潮理念引入到建筑中来，新理念必须由实践作为依据，才更有说服力。在实践的过程中，技术支撑手段加速了这个植入的过程。

解构主义（Deconstruction）理念最早以哲学的观点出现于社会思潮中，由哲学家贾克·德里达（Jacques Derrida）于1967年提出，旨在分解既有的结构主义规则，打破常规教条的秩序。后来，逐步在文学、电影和建筑中蔓延开来。建筑明显地表现出了滞后性，但是其加速发展的状态令人惊叹。从早期（20世纪70年代）盖里的作品来看，其解构的理念不外乎运用廉价的工业材料和表现随意性的破碎感，代表作为盖里自宅（图3-16）。当时的技术对于支撑他的"随心所欲"还有较大的困难，技术成为解构主义"杂乱"形式的瓶颈之一。随着技术的发展，后期盖里结合数字技术并形成了自己独有的创作与建造的技术，才得以实现毕尔巴鄂古根海姆美术馆——由极度复杂的结构、各不相同的立面、数以千计的不同构造节点、数以万计的不规则表面钛板组成的"具有雕塑感的建筑"（图3-17）。技术的有效实践使盖里名声大噪，之后随着其作品不断增加，进一步加速了解构主义理念在建筑领域的扩大化。

图3-16　盖里早期作品——洛杉矶自宅[45]　　　　图3-17　毕尔巴鄂古根海姆美术馆[45]

此外，混沌科学、协同学、分形理论等前沿的复杂科学也不同程度地在建筑领域内发展，其中既有观念层面的借鉴，也有技术层面的实践支撑。

3.2.3.3 技术对理念发展的支撑

技术支撑了理念的发展，在当代表现得尤为显著。比如生态化理念、绿色建筑理念、智能控制理念、可持续发展理念等，这些理念往往同技术结合十分紧密，离开技术则无法谈论理念的实质内容。技术在很大程度上节约了过去在建筑建造上耗费的资源并减少了很多后期维护的费用，加速了绿色概念的形成。跨入 21 世纪后，新型高品质合成材料不断被开发。比如高分子合成材料、绿色环保材料、带记忆的金属材料等，进一步从技术角度支撑了建筑绿色理念的发展。

对建造所选用的技术进行筛选是可持续发展的理念核心，它提倡对能够降低能源消耗、减少污染排放的技术不断探索开发。也因此会出现越来越多的运用绿色技术的建筑，这是一个主流的发展理念。可持续发展的价值理念认为，人与环境既有相互依存的工具价值，又具有各自独立的自身价值。一方面，人有权利利用环境满足自身的需求，但这种需求必须以不改变环境的连续性为限度；另一方面，人又有义务在利用环境的同时向其提供相应的补偿。[46]技术是发展的,生态建筑的理念也不是静止的,需要考虑建筑与环境的和谐友好关系,它随着技术发展而不断地拓展更新。20 年前太阳能光电板在建筑中的应用还处于起步阶段,而如今在发达国家已经是十分成熟的技术,现在已经成为这个理念有力的支撑。

技术运用还推动了智能化建筑理念的发展。数字化在建筑中的应用技术，是数字化技术本身同建筑固有技术的结合，极大地改变了人们对传统建筑的认知。楼宇自动化技术现在已经逐步发展完善，远程遥控、可视监控、光线随感系统等都是成熟的技术，暂因造价问题没有普及。技术进一步发展，数字城市的概念随即提出，现在依据天上的卫星、遍布的网络和各种需要的终端，世界各地被紧密地联系在一起，技术在这些变化中扮演着重要角色。技术在实践中获得了理念层面的高度总结，又在这个基础上推动理念在更高层面上深化完善。

3.3 完善性特征

完善性特征是指利用技术手段对建筑的需要进行完善和补充。包含了技术对建筑及其环境的补充与提升。一是在建筑建成以后，运用技术手段，使建筑空间环境更优良、更完美、更有品质。二是对建筑与环境关系的完善，体现为与环境更和谐、更友善的关系。完善特征体现了技术的调控作用，这是技术促使建筑进步的充分条件。

如果说技术的驱动与支撑是指向建筑自身，从而引发更为巨大的变化的话，那么技术的完善性则是建筑与其相关联的环境的完善。在当代技术文明的综合作用下，对建筑的完善手段更高，方法更多。外部关系和内部环境成为技术完善的目标与重点。当代建筑与设备几乎是密不可分的，水、电、空调和通风系统既是提供舒适性的保证，同时也是对环境产生影响的源头。另外，从智能建筑、节能绿色建筑的角度来讲，更是主要针对技术完善而言，因此从技术完善与建筑变化的视角剖析，是当代建筑必须具备的基本意识。

3.3.1 提高内部适居性

技术完善中一个重要的角色和使命，就是提高当代建筑的内部环境质量，这是满足人的需求最为直接的环境问题。一方面，技术可以用建筑自身的组成要素比如材料、构造和结构等手段，来很好地解决室内环境舒适程度的问题；另一方面，可以借助于设备技术在建筑中的运用来补充完善已有的建筑环境，提高室内环境的品质。

3.3.1.1 提升物理舒适程度

室内的物理环境主要是指空间内部的微气候条件。技术完善目标包括提供人需要的适宜温湿度、清新度、光环境和声学效果等。建筑师要尽量通过技术设计而不是单纯依靠设备系统"提供"和"补救"来保证良好的建筑物理环境。比如，尽量通过建筑布局结构、材料、构造等本身技术来完善日照和遮阳、围护结构的保温隔热、防水防湿、防结露、自然通风、天然采光和建筑隔声等。此外，技术还体现为多专业配合的状态，如通过将供暖和空调、机械通风、人工照明、厅堂音质、噪声控制工程整合来综合实现建筑的适居环境等。

德国 GSW 大厦是一个利用技术给室内提供理想舒适度的例子（图 3-18）。建筑采用水平连续的大玻璃采光，最大限度地提供照明。全景玻璃幕墙由三层组成：外层是单层玻璃幕墙系统；中间夹层内安装打孔的铝制遮阳板，每层设有格栅铁网可供检修；里层同样是连续可开启的双层玻璃窗。遮阳板会根据室内采光条件调节其旋转角度。同时，也可以根据个人的舒适度局部控制。当光线通过遮阳板渗透进室内时，由于角度不同，原先强烈的橘红色实体遮阳板完全地消失了。由于占整体幕墙18%的穿孔十分密集而细小，光线在这里发生了衍射现象，幕墙仿佛变成了一层半透明的薄纱，光线有如魔法般的细腻，室内光线惊人的和谐均匀，而窗外景观仍然清晰可见。这种对待光的创作概念和手段，令人惊叹。夏季通风将经过落地玻璃的顶部，调节室内温度的舒适度，冬天暖气由藏在楼板底的暖气管和两侧幕墙低矮部的暖管提供，这时西立面幕墙的1m厚的空气层便成了有效的热阻缓冲区。

另一改善室内环境的途径是借助于建筑构件，福斯特设计的香港汇丰银行在入口的底部，运用了一个巨大的可以追踪太阳轨迹的"阳光铲"，通过装置进行随光转动，将阳光引入到巨大的中庭当中，然后再通过建筑底层的高架玻璃地板，投射在地板下方的广场和通道上——让处于巨大体量阴影下方的人们仍然能够沐浴在阳光之中（图 3-19）。建筑从局部角度进一步完善了自身的"高科技"特色，从而使作品更加充满了技术含量。

图 3-18 德国 GSW 大厦[21]　　　　图 3-19 汇丰银行的导光装置[33]

当代大型建筑无法与各类设备分离，设备在建筑中的"内化"技术逐渐成为建筑师继关注空间、形式之后的另一个重要的问题。它是许多智能建筑、生态建筑存在的基础，从这一意义上来说，设备技术的从属角色转型为主要角色，从幕后走到了前台，为当代建筑创作拓宽了思路，为建筑创作的技术构思提供了补充。设备在建筑中的应用技术，已经超越了那种通风管、空调等设备暴露的"高技术表现"的阶段，走向更为自然、平实的"真实"阶段：一些建筑将设备暴露，展示技术美感；另一些建筑，虽然应用了最新的高技术，但是在外观上却没有明显的差异，不论哪种形式其本质都是致力于对室内环境的完善。

3.3.1.2 提升心理舒适程度

技术完善的另一个层面，是利用技术手段营造人性化的环境，进而关照人的心理感受。表现为在完善的过程之中，技术由工具理性向艺术感性转化。过去是利用新技术去展示时代感、完善装饰或炫耀技术；现在是技术逐渐为大众化和波普化服务，通过增加环境的安全感、稳定感，来体现人文的关怀。

比如，在台北101大厦里面，为了减少因晃动产生的晕眩，建筑采用最新的随动调节阻尼技术，来改善舒适感和安全度。建筑在八十八层至九十二层之间设置调节阻尼设备，这颗"大球"由41层12.5cm厚的实心钢板堆叠焊接而成，重达730t，通过钢索与大楼的整体各部分相联系。平时大楼受风吹袭时会有左右的微幅摆动，阻尼器平衡了风力造成大楼的摆动，提高了人的舒适感。这是现代技术与建筑环境的结合，体现了运用技术手段完善自身环境的人文关怀（图3-20）。再比如，建筑与植被绿化景观结合的技术，在室内环境的运用，不但调节了室内的空气质量，还有效地改善了工作带来的视觉疲劳，同样的还有背景音乐系统、景观声学技术等也起到舒缓情绪的作用。

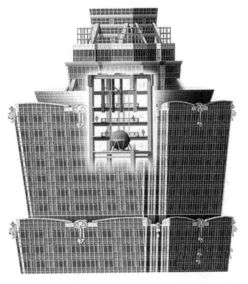

图3-20 台北101大楼结合了阻尼调节技术[47]

提供好的场所是以亲身体验为基础的，人类学家凯恩斯·巴索（Keith Basso）这样写道："一锅味美的什锦炖菜和复杂的音乐和旋一样，事物的特色产生于其组成要素的细节品质。[48]”技术对环境细节的完善，体现了运用者对环境的独特表达方式。

图 3-21　马卡略岛住宅
入口局部[21]

约恩·伍重（Jorn Utzon）在西班牙马卡略岛的 Can Lis 住宅创作中，利用了当地的技术和材料，体现了地中海文化。材料的加工、细部和构造工艺都极大地完善了环境场所意义：对包裹门板扶手处的石材进行切削，为扳动把手留出空间——将手背的形状拓印于石头上，这便是对场所的一种记忆；钉子不埋入木板内，将来希望看到风雨侵蚀的痕渍；不磨去圆锯在石材加工时的切痕——这些印记在阳光下更加明显（图 3-21），建筑形式明显区别于岛上的建筑，但又明显地属于该岛所特有：本地切割的石材、构造的做法、连接的节点等这些技术细节从关注人的心理感受出发，进一步完善了建筑场所应具有的意义。环境对人的心理和行为是有影响和暗示的，利用技术表现手段在表达建筑自身的同时，也营造了一定的环境氛围，从技术细节层面入手，提升环境品质，尽量满足人在场所中需要的熟悉感、尺度感，做到符合人的认知心理和行为心理，也会提升心理环境的品质。

、

3.3.2　修复外部环境关系

建筑技术不仅要解决建筑自身的问题，还要完善与环境的友好关系。当代的环境危机，要求修复技术过度应用对自然的损害。

建筑技术应遵循可持续发展原则，体现绿色平衡理念，通过科学技术手段，集成绿色配置、自然通风、自然采光、低能耗围护结构、太阳能利用、地热利用、中水回用、绿色建材和智能控制等措施来建立整体的修复格局。它充分体现了技术与人文、建筑、环境的统一，是实现"以人为本"、"人—建筑—自然"三者和谐的重要途径。技术修复应具有选址规划合理、资源利用高效循环、综合措施有效节能、建筑环境健康舒适、废物排放减量无害、建筑功能灵活适宜等特点。它不仅要满足人们的生理和心理需求，而且要求能源和资源的消耗最为经济合理，做到对环境的冲击最小。

（1）耗能减量：减量（Reduce）是其一个重要概念，是指尽可能减少包括能源、土地、水、生物资源的使用，并提高使用效率。设计中如果利用自然的过程合理，则可以大大减少能源与资源的消耗，减少对石油、煤炭、电力等能源的依赖。对太阳能、风能等自然能源的利用，是技术完善建筑与其外部关系的战略性问题。利用技术可以对节约能源的理念进一步挖掘完善，比如荷兰物理学家柏克斯在《轻盈》一书中写道："如果材料足够轻，那么大楼的建造耗费的能源就会减少，所有的运输、吊升和搬运的成本会大幅下降。"[49]正是应用了这一理念，麻省理工学院的彼得·泰斯塔（Peter Testa）设计了碳纤维结构的大楼，材料由树脂灌注的碳纤维交织而成，这种结构比钢结构更轻，但强度更高（图 3-22）。

建筑节约能耗与设备系统、智能控制的结合越来越紧密，智能呼吸的双层表皮、光感自动遮阳设备等已经在很大的程度上降低了能源的消耗。传统的固定百叶，很大的程度上是装饰作用，遮阳也是部分遮阳，不能达到完全随时遮阳的效果，并不是真正的智能节能技术。自动感光遮阳百叶的出现，实现了真正的人工智能的飞跃，可节约能源35%，这种创作与设备结合的趋势，在国外已经成为了一种基本的理念之一。德国展览中心（Halle Expo Hall）全部用百叶做幕墙，并且可以随着光线的变化进行自动调节，可以达到完全遮阳、采光的效果。置身于室内，照明质量得到极大的改善，光线细腻均匀、柔和静谧（图3-23）。选择适当的技术措施，从对建筑减少耗能的角度出发，体现了建筑对环境消耗的补偿性修复，这种修复观念已经成为创作中被高度关注的问题，是协调建筑与环境和谐关系的策略之一。

图 3-22　碳纤维材料用于结构[49]　　　　图 3-23　德国展览中心光感自动百叶[30]

（2）资源再用：再用（Reuse）是指利用自然界已有的资源，包括气候、植被、土壤等服务于建筑功能。利用技术完善，可以在资源再用方面，使建筑与周围的环境更为和谐。技术手段以往更多地关注建筑自身而缺乏对环境的思考，导致了对技术的选择没有根据自身环境的特点，由此产生了建筑与环境脱离甚至对立的窘境。

直至人类发现资源危机及环境问题才开始回归于起点，重新思考建筑与环境之间的关系。当代先进技术和传统地域技术融合，是解决建筑与环境更好的共生手段。那些能够降低资源消耗、降低污染排放的技术被称为"绿色技术"。这些绿色技术的大量推广和使用，引领了又一种建筑文化现象——绿色建筑。

塞维利亚世博会英国馆的设计，采用了很多注重生态的设计策略（图3-24）。建筑地处炎热地区，西

图 3-24　塞维利亚世博会英国馆[50]

晒问题严重，建筑采用把容易蓄热过量的西向墙体用装满水的集装箱充当的高蓄热材料所代替，形成循环的水幕墙，水源来自建筑的雨水收集系统，水泵的能源来自"S"形屋面板上的太阳能光电板。同时，还运用了钢和玻璃等装配轻结构，减少了建造时的能耗。建筑的耗能量仅为一般其他同类建筑的1/4。体现了利用技术措施，很好地解决了建筑能源的问题。

利用太阳、风、雨水、地热等可再生资源，从技术完善角度来说是当今的发展趋势，而且为了未来建筑的可持续性，越早采用可再生能源越好。这样做的价值有两个方面：一方面，从周围物质环境方面分析，保护未来的生态和环境，为将来的发展提供优良的基础；另一方面，从个人方面分析，这些已经发展完善的设计策略和技术措施，以及将来可能产生的新内容，都对建筑师和工程师提出了挑战，促使其不断补充新的知识，为完善建筑的对外关系，创造、提供全新的视点。

（3）循环再生：再生（Recycle）是物质循环利用的概念。在现代城市绿色系统中，在人们消费和生产的同时，产生了垃圾和废物，造成了对水、大气和土壤的污染，因此需要运用技术手段对环境进行修复。

循环利用需要消耗一定的能量，但有利于节约能源、减少废物量。比如选用可再生的材料，钢就是一种可再生循环利用的材料，钢在建筑中的应用技术在发达国家已经在积极推行。比如再生纸技术，日本已经批准了纸作为永久的建筑结构性材料，建筑师安藤忠雄、坂茂等已经在积极探索，并取得一定的成果。这些技术的发展进步，正在逐步完善建筑与环境的友善关系，改进人类自身的发展环境。纸品可再生循环利用、环保无污染、建造周期短、施工便利，同时也是防震减灾的良好材料。日本建筑师坂茂曾设计了许多纸品建筑，他在1995年Yamanashi湖建造的纸之家，是经官方批准把纸筒作为结构材料的永久性建筑中的第一个案例。开创了由单薄柔软的纸品盖房子的先河。在阪神大地震后，纸品建筑发挥了巨大的作用，数小时内就能建起一幢临时住房，当时建造的"临时性"纸屋后来被持续使用了6年之久。

再生纸在建筑中的运用代表了高科技材料技术发展的结果。安藤忠雄创作的2000年汉诺威世博会日本馆就是采用再生纸建成的（图3-25）。该临时性建筑在历时5个月的世博会后，其大部分材料都经回收投入再使用。因此，它并不是一个最终产品，而是一个持续的过程。因而可以说是建造、拆毁和再生的象征。

图3-25 利用再生纸建造的日本馆[51]

48

3.4 本章小结

本章根据逻辑学的因果联系，从历史和当代两个视角，构建了技术对建筑作用的三个关系征性。技术本身是一个综合多层的系统，处于动态发展变化之中，而建筑也是一个复杂开放的体系，从这三个特征的剖析中，能够理清技术对建筑的作用，从两者密切与动态的联系辨析中，找到技术对建筑创作的特征。

本章提出了驱动性特征是建筑变革的诱因本质特征，在历史的视野中，在技术的作用下，建筑体现了变革式发展、渐变式发展和螺旋式发展的交替上升过程；支撑性特征是建筑变化的必要条件特征，在建筑本体要素的框架内体现了技术对功能的支撑，技术对建筑形式的支撑和技术对建筑理念的支撑；完善性特征是建筑变化的充分补充特征，在技术的关联视野中体现了对提高适居性和修复环境关系的完善。

建筑外部技术的引进是建筑前进的驱动力，通过对建筑的作用过程，完成对建筑的驱动；建筑自身技术的不断更新是建筑多样化的必要保证，通过对建筑本体要素的作用体现了对建筑的支撑，两重技术的综合作用、内外关联，体现了技术对建筑的完善。

第4章 建筑技术的多元表现

20 世纪下半叶以来，建筑步入了多元化的快速发展阶段。当代日趋复杂的建筑现象折射出了时代技术革新、艺术思潮和社会进步带来的一系列变化。同时，当代建筑的创作方法、技术手段和表现形式得到极大丰富，令人目不暇接，让我们无所适从、陷入困惑。

追根溯源，错综纷繁的建筑现象在一定程度上是由技术观念差异造成的，正如《北京宪章》中所言，"在建筑学术上，风格流派纷呈，莫衷一是……宜回归基本原理，作本质上的概括，在新的条件下创造性地加以发展。"[52] 这启发了我们更加关注技术在当代建筑创作中的作用和规律，需要上升到观念层次，进行深层维度的探究，从本质上抓住其万变之宗。建筑创作中的技术及其观念差异，会导致截然不同的创作结果，这也是研究当代建筑现象与时代紧紧相扣的角度之一。

技术组成的多层次性与技术表现形式的多样性是当代建筑技术表现的重要特点。任何建筑都不可能在一种或一类技术单独作用下产生，如生态技术既可以与高技术结合，也可以与低技术联合运用，在这个过程中技术更多地体现为一种综合的形式。即使如此，技术仍然有着各自最为主要的表现面向，这是我们辨析技术表现的出发点。另外，技术表现也具有相对性：在同时代中，相对大多数技术而言处于领先位置的技术被称为"高技术"；但从发展的观点看，今天的技术也会成为过去，被更新的技术取而代之。换句话说，昨天的"高技术"也许就是今天的"普通技术"甚至"低技术"。因此，技术在表现方面的划分视角，依据了它们自身的侧重点，从其在建筑表现的结果入手归纳，目的在于建构切入视角，抓住主要矛盾，便于我们更好地开展研究。

4.1 低技术表现

低技术（Low-Tech）包含了各地的传统技术、地方技术和乡土技术，它与实践结合紧密，具有浓厚的经验色彩，易受地域条件的影响和制约。在技术运用中注意结合气候、地形等条件，提倡因地制宜。低技术操作要求不高，便于就地取材，在经济欠发达地区，能经济简便地解决问题。

在科技飞速发展的今天，低技术的创作状态仍然是许多建筑师的主要创作手段，显示出了强大的生命力。创作中，"低技术高品质"、"低技术高情感"的理性思辨趋向已经得到广泛的认可。在传统技术、地方技术和乡土技术中蕴涵着许多生态理念，其应用方法易于掌握，便于就地取材，与地方资源联系紧密，目前仍有着广泛的应用。低技术经常结合历史上积淀下来的优秀技术传统、民间工艺和独特做法，表现出对地方材料、传统构造、民间热工技术的重视。

低技术中的"低"，是相对于当代高新技术而言的，具有相对性。其观念主张并不是运用落后的技术、淘汰的技术或者照搬传统技术，相反它是对传统技术的批判继承与扬弃。低技术因地制宜，与现代功能紧密结合，是具有时代生命力的技术体现。就技术角度而言它是一种技术应用态度，就文化思潮角度而言，它又与地方主义建筑、乡土建筑、地域性建筑等密切相关。由于低技术具有广泛的适应性、明显的经济性和简便的操作性等特点，当代许多建筑师都具有深深的低技术观念，他们扎根本土技术，从相关技术中汲取营养，形成了创作灵感的源泉。

4.1.1 产生根源

低技术在建筑中的产生根源有三方面原因：一是低技术是人类长期适应自然的智慧积累，利用低技术可以迅速、高效地解决实际问题；二是技术受应用环境的限制，不是所有技术在任何地区都适用，因此必须因地制宜，这也给低技术提供了扎根地方的土壤；三是现实的经济条件不同，创作中常常会采用低技术路线来平衡技术与造价之间的矛盾。

（1）对自然的适应：低技术的产生根源，主要是人们为了适应自然界的气候变化，而采用的各种技术形式的体现。技术体现了人类适应环境的智慧，是人类适应自然环境的长期积累。无论是爱斯基摩人的冰屋、尼德兰人的陡坡顶民居，还是我国陕北的窑洞，都是当地居民合理利用地方技术，适应当地气候环境条件的典型实例（图4-1）。

图4-1 技术手段对气候的回应[53]

人们在面对自然恶劣的气候变化时，希望采取一定的手段，改善居住的建筑环境。这些技术手段使建筑不断地进化，从而回应了自然。因而建筑形式是技术对气候长期适应、优化选择的结果。西藏"碉房"处于干热地区，昼夜温差大。因此，需要技术重点解决墙体的热工问题，采用的办法是用泥土、块石等厚重块材做墙体，白天吸收热量，晚上再逐渐释放出来；高原曝晒，因此考虑开窄条窗；干燥少雨，因此不做坡屋顶而采用晒台；考虑降温通风，因此设置内院，以提供阴影区和更好地组织气流等；西双版纳民居处于湿热多雨地区，由于炎热，因此需要遮阳的技术手段、通风的技术手段；由于多雨，因此需要建筑能够迅速排水、防止渗漏。由此带来了平面敞开、底层架空、坡顶陡峭、墙体通透的建筑形式。

这些各种不同的对气候适应的手段，逐渐积累形成了区域性的地方技术。依靠低技术与环境适应，来改善自身环境的舒适性，同发达地区借助于资源、能源、设备等高消耗的手段相比，是一种具有生态意义的技术措施。低技术被动地适应环境，对自然变化的依赖性很大，虽然不能全部满足人类适居性的要求，但是其对环境的低消耗、低排放的生态意义却十分明显。对当代建筑创作的技术观念产生了影响，这正是低技术得以发展的根源之一。因为地理情况千差万别，人们会寻找有利于自己的地区生存，同时会采取一定的手段与这个具体的环境相适应，因此逐渐形成了地方性技术、乡土技术。处于不同地理位置的建筑有着各自不同的技术适应方法，这些技术手段直接或间接地体现在建筑形式上。

（2）地方的建造水准：地方的建造水准千差万别，地区间发展不平衡，地方材料、建造、配套设施不见得可以接纳现代化的先进技术，相反，采取当地的本土低技术往往也能高效、适宜地解决问题。技术受具体应用环境的限制，因此必须因地制宜地与当地的建造、施工、设备等配套技术相结合。低技术重视与地区实际结合，重视实践性的边干边学。

在发展中国家，地方的建造条件不适合照搬和模仿发达国家，而是主张探索适合自身条件和发展的道路。在埃及的圭那地区，当地的建造水平有限，几乎很少用到现代化的建筑技术。因此，建筑师哈桑·法赛采用了低技术的方式，自己动手制造土坯砖，还同许多建筑师、使用者和工人一道实地建造，不仅使当地人学会了用土坯技术建造房子，还节省了工程施工的价格，很大程度上解决了穷人的住房问题。

地方的建造水准是低技术运用的根源，在经济欠发达地区，建造水平受到限制，采用钢结构等技术就不如地方的砖砌或混凝土技术有优势。最初，混凝土技术从国外传入我国时，这种劳动密集型技术迅速被接纳和普及；发达国家的混凝土技术由于周期长、劳力昂贵等限制应用较少，反而钢结构技术相对普及，清水素混凝土甚至成为昂贵的象征和特殊创作手段。这说明具体的建造环境对技术的应用有很大的影响。

地方的建造条件无法满足最新技术或者是现代技术的要求时，采用低技术是现实可行的出路。从建造角度和可操作角度来看，低技术建筑具有很强的生命力。另外，建筑师在创作中，根据现实的技术环境和背景，与现实的技术条件协调并运用低技术策略进行设计，往往更能创作出具有地方个性的作品，这也从主观上推动了低技术的运用。

（3）现实的经济条件：地区的经济环境是低技术普及运用的另一个背景条件。"少费多用"的技术原则适合大部分欠发达地区，低技术具有各方面的经济优势，因而会在大量的建造过程中被应用。

建筑中的经济因素始终伴随在功能、空间和形态的左右，并且与技术结合十分紧密。许多建筑师在经济制约与创作效果之间，找到了解决问题的适合方法。路易斯·康在创作金贝尔博物馆时，由于当地没有适当的混凝土添加材料，从加州运来的运费会比材料的单价还贵。既要保证建造效果还要考虑经济因素，经过反复试验，康找到了另一种解决方案——用适合的石头加上特定的砂子作替代，最终找到了既满足效果又很经济的解决方案。[26]

现实条件制约下的低技术运用，不仅仅是一种修补性的折中态度，而且是辩证和智慧的抉择，它涵盖了合乎现实的经济条件，主张节省建材费用、降低劳力成本和减少设备的耗费。同时，低技术强调最少投入，重视建造过程的群众参与，注重保留和延续乡土特色，因此它携带了更多的社会与文化信息。在全球化发展的今天，越发显现出地方特色和低技术的魅力所在。

4.1.2　材料平实

低技术的创作观念既重视对材料的节约选取，也重视材料的更新与结合，在材料表现上体现为朴实无华的特点。通常以当地地产材料为主，主张挖掘"经济性"材料的自身表现工艺，这种运用地方材料的平实态度已经融入了低技术建筑创作的观念之中。

4.1.2.1　传统材料的直接使用

低技术建筑偏好直接使用传统的砖石材料，并十分注重砌筑工艺、粘结方式等技术手段。这种对待材料的工艺观念，一直是建造中保持传统独特魅力的有效手段。"砖是最有感情的材料，土砖建筑一旦弃而不用，经过风蚀、残破、坍塌以后，就会真正地魂归故里了。"[54]红砖是古老的材料，砌筑工艺依靠经验而易于操作。但是，同样对待红砖表面的粘结处理，不同的建筑师有着截然不同的处理手法，使低技术表现的内涵更加耐人寻味：芬兰建筑师阿尔瓦·阿尔托喜欢突出每块砖的独立个体，甚至有瑕疵的砖块都被派上用场。在贝克学生公寓的设计中，他把每块砖都旋转偏离一个微小的角度，并且将灰浆勾缝距砖平面后退 1～2cm，从而使每块砖的个体尺度和单元形态从平的墙面中被强调出来。此外，水泥勾缝约1cm，通常采用浅白色，与红砖的深红色形成鲜明对比，从而进一步地突出了砖的个体尺度（图4-2）；而另一位建筑师拉斐尔·莫尼欧，则注重塑造大面积砖的整体感觉，在其作品罗马博物馆的设计中，他把烧制的陶土砖不用灰浆勾缝，而是直接层叠砌筑（图4-3），砖与砖之间自然形成纤细的缝隙，空间界面的整体性被强调出来，获得了一种同以往砖砌建筑完全不同的效果。

图4-2　强调砖的个体尺度[21]

图4-3　强调砖的整体感[21]

直接使用传统材料进行表现，展现了地方材料的自然美。采用相同的材料，运用不同的砌筑工艺，会展现出材料变化的魔力，给人带来不同的视觉感观。这对建筑创作很有启发，说明低技术创作对材料表现的挖掘潜力还很大。

4.1.2.2　地方材料的更新运用

低技术注重对当地原有的材料加以适当改进，注重改善材料的综合性能和表现性能。更新后的材料既保持了传统材料的地方特色，又提高了原有材料的性能。埃及建筑师哈桑·法赛从传统的土坯建筑得到启示，探索了利用灰泥代替水泥的土坯建筑技术。建筑用特制含稻草的轻型砖，用扁斧进行砌筑，风干之后土坯墙的导热性差，保温时间长，适用于埃及炎热而干燥的气候。同时，由于独特的手工制造和砌筑工艺，土坯砖的制作纹理都予以保留，每块砖都有所不同，但是砌筑在一起则非常的和谐质朴，建筑表现出独特的乡土效果。类似的还有经过改进的美国草砖住宅（图4-4），它由金属网将麦秆等物质紧紧捆扎而成，隔声、隔热、节能效果非常好。草砖的块材尺度较大，表面质感粗糙强烈，并常常粉饰灰泥填缝，因而显得更加粗犷质朴，在缺乏木材的美国西部草原，具有地方特色，表现了平实质朴的外观形态。

图4-4　美国草砖住宅[9]

此外，我国东北地区的秸秆土坯砖也是一种更新的节能环保材料，是对传统的高粱秆、草泥和羊草等复合材料砖的改进。现在已经在试点地区推广应用。山东沿海地区用海草作保温隔热材料、皖南地区用糠填充空斗墙来保温隔热等，都是对地产材料更新改进的有益探索。

对传统材料的更新，不但保留了地方材料原汁原味的特色生命，同时因为加入了现代技术的元素，从而使材料本身的性能指标大大提高。地方材料同时减少了对工业材料——钢筋、水泥和混凝土的依赖，建造时就地取材，减少了运输成本，取得了良好的经济效果。

4.1.2.3　传统材料与新材料结合

把现有的地方传统材料与现代材料结合，既满足了建筑的一定功能，同时也丰富了建筑的表现形式，凸现了不同材料间的对比，形成了丰富的表现力。建筑师阿尔托很注重材料技术的工艺组合，他挖掘了传统材料与现代材料的表现属性，比如木材、红砖与混凝土、玻璃与钢的构造组合。他注重材料的尺度处理，在常年的皑皑白雪中，木材的肌理和红砖的暖色，无论从视觉还是触觉来说，都体现了地方性技术的亲和力，是地方低技术、高情感的最好诠释。在维斯屈莱大学礼堂的设计中，阿尔托采用传统红砖与现代大面积玻璃组合，上实下虚，砖厚重密实的稳重感与玻璃光亮通透的轻盈感形成了鲜明的对比，那微微起伏的砖砌外墙，似乎被通透的玻璃承托起来，具备了一种漂浮感。

此外，传统材料与现代材料的组合运用，会获得一种独特的表现效果。既兼顾了地方与传统，同时也表现了材料本身特有的属性。比如康在达卡的议会大厅中，在砌筑的混凝土墙面中嵌入大理石装饰带，粗野的混凝土与典雅的石材结合，仿佛赋予了材料贵族般的气质（图4-5）。[56]瑞士建筑师马里奥·博塔，也是一位坚持使用地方材料、不追赶潮流的大师，在他的作品中，十分注意传统材料与现代材料的结合，在洛杉矶现代艺术博物馆设计中，演绎了砖、玻璃和大理石之间光与影的魔术（图4-6）。

地方材料的低技术具有从历史走来的独特的表现魅力，在当今国际化的潮流中显得独树一帜。在地方性的建筑创作中，低技术在技术措施和技术表现两个层面，得到建筑师主观上的推崇与发挥。由于低技术经常受到客观条件的限制，因此，建筑师往往在制约中寻找创作的突破机会，因而更能体现出创作对技术运用的聪明才智。

图 4-5　大理石腰线与混凝土板[55]　　　图 4-6　砖与玻璃的光影结合[57]

4.1.3　构造适宜

低技术重视对传统构造的借鉴，注重与当代的新材料、新技术、新工艺结合，这是低技术创作从传统中获得的启示。构造既包括建筑各元素中的连接组成做法，如屋面做法、排水做法等，也包括这种做法已经物化了的构件形式，如天沟、雨水口等。

4.1.3.1　对传统构造的改进应用

传统构造是在古代技术经验积累中形成的，是建筑文明中的财富，代表了该地区的技术对自然的适应水平。比如阿拉伯热带干旱地区的"捕风塔"，这是一种古老传统的构造形式，通常窗口集通风、采光和引入景观三重功能为一体，而在干热的埃及，传统上将这三重功能分别处置。通风主要是靠墙面和弯顶上的孔洞以及伊斯兰特有的捕风塔。这种类似烟囱的捕风塔顶部向夏季主导风开口，将高空中的凉风源源不断地引入室内，这样建筑的主要朝向不必面向主导风向，从而给建筑布局带来了较大的灵活性（图 4-7）。哈桑·法赛在工程实践中，将地方传统的捕风塔进行技术改进，在风塔内设计了一种空气加湿冷却的简易装置。这样，在费用增加很少的基础上大大提高了换气质量，增加了室内热环境的舒适度。

图 4-7　阿拉伯传统的"捕风塔"[58]

此项技术更新采用了一个简单但有效的

适宜手段，它将蒸发降温原理结合到捕风塔技术中，获得了功能的改进。这种思路对于提高建筑技术的效率是行之有效的，为建筑创作提供了一个有益的思路，即较低的技术含量依然可以获得较高的居住品质。

4.1.3.2　构造功能的形式统一

构造与形式结合的历史，可以追溯到中国木构建筑的构造原型——斗栱。在这种叠加构造中，横梁与有着悬挑作用的斗栱相结合，形成灵活多变的组合构件。中国建筑的屋面曲线正是借助于这种叠加方式才得以实现的，这种叠加方式可以根据各地不同的气候条件形成不同的屋面形式。此外，该体系还具有内在的抗震性能，因为屋面和榫头都具有化解和吸收震波的能力，体现了构造的表现性与功能性的有机统一。

低技术创作中，常常借助于地方材料本身的构造和工艺来实现多种形式的表现需要。建筑师赖特的很多作品，都表现出对构造与功能形式结合的重视。他推崇的"织理性"的砌块体系，是一种运用地方材料，并具有较强的形式表现感的构造方式。赖特用钢丝把砌块编织在一起，就位后在加固处灌进混凝土，整体形成了具有地方特色的砌块墙面（图4-8）。"墙体是双层的，一层内墙，一层外墙，中间有空气层，因此冬暖夏凉、四季干爽"。[59] 除了砌块以外，木制构造也具有亲和的表现力，日本建筑师 Yoshio Kato 在东京设计的太阳浴建筑使用了木构造为主的形式，整栋建筑的立面为全木覆盖，建筑透过透明的玻璃来暴露交错复杂的木支撑结构细节，具有很好的细部效果（图4-9）。

图4-8　赖特的织理性构造[54]

图4-9　展示木制构造[60]

低技术创作中的构造观念，与现代高技术构造相比，更具有匠艺和实践的色彩，许多构造往往经过建筑师本人的反复试验，而非标准化的工业节点，从这个意义上来说，构造的技术本质具有了艺术的内涵。

4.1.4　结构质朴

低技术重视对传统结构的借鉴运用，往往采取简洁有效的结构形式。由于这种结构形式在建筑创作中的采用，进而形成了低技术建筑的特点：结构与界面统一、直接的传力方式、适宜的组合方式。总体上表现出质朴的建筑风格。

4.1.4.1　结构与界面统一

低技术结构的质朴形式，主要还表现为承重体系和围护体系的合二为一上面。自现代建筑的承重结构与围护结构分离以来，围护界面变得更加自由灵活，结构也作为"表现性"的要素被强化出来。而与之相对应的，低技术的结构与围护还尚未分离，结构实体同时也是建筑划分空间的界面。墙体、屋架自由度小，同时受到开间、进深、跨度的限制，因此，它们在尺度变化上往往并不能满足建筑师的多种需求，而是要根据结构力学的限制来确定尺度，由此也表现出了实际、质朴的一面。这种朴素严谨和没有琐碎细节的结构，突出了低技术简洁的形式特征。

比如，中国传统的几进院落空间以及印度的"曼陀罗"的向心空间。结构平实是建筑外在形态朴素的内因，印度建筑师柯里亚创作的传统庭院，方正的体量，朴实的外观和传统的空间背后，折射出朴实的结构体系——砖砌、搭板、坡屋面、出挑等结构技术，结构与围护统一是形成这些外观朴素形态的必要的保证。他结合当地技术，运用传统朴实的结构体系，提出了"开敞空间"和"管式住宅"两种技术模式，被广泛应用于他的设计中（图4-10）。

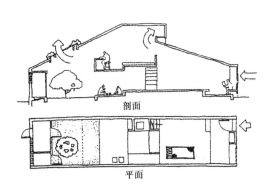

剖面

平面

图4-10　管式住宅[61]

朴素的结构产生了几何化的空间，低技术崇尚简洁实用的受力体系，建筑空间以方形、矩形、圆形等欧几里得几何形式组合为主，从而构成规矩体量的空间形态。空间属性是相对均质的、静态的，而不易出现承重体系与围护体系分离的流动空间。

4.1.4.2　直接的传力体系

低技术注重传统结构体系的运用，创作中经常采用传统的"梁—板—柱（墙）"的结构形式或墙体承重的结构形式。而传统的结构形式符合笛卡尔正交垂直受力体系，因而是克服地心引力最直接有效的方式。柯里亚创作的甘地纪念馆运用了传统的结构布置，力线的传递十分简单，荷载—板—柱和外墙—基础，方形平面的房间单元不断重复，采用统一的柱距，荷载分布简洁易算，运用了方锥体做屋顶结构，采用砖墙、石板和木材等地方材料与结构结合，形成了最普通的建筑围合。平墙、坡顶，结构没有出挑，简单的结构给建筑带来了简单的外观形象和内部空间。外围护结构没有使用玻璃，采光与通风都通过调节木制百叶实现。平实的界面无须任何附加的标签和符号，而自然具备了传统建筑的气质和神态，形成了原汁原味的地方建筑特色。方正且垂直的梁、板、柱的组合，代表了简洁、高效率的力的传递路径，这同当代建筑的解构、倾斜、扭转的结构体系形成了鲜明的对比，低技术以自己的质朴的结构形成了独具特色、扎根本土的风格。

低技术表现出规矩的结构布置，与当代建筑的"任意"柱网、倾斜的柱子相比，大都采取符合模数的统一柱网，体现了最直接的力线传递路径。同现代建筑的结构体系与围护体系分离的传力体系相比，低技术建筑空间灵活性差，也不容易产生大空间或者大跨度的开间与进深。墙体承重一般采用横墙承重、纵墙承重等结构布局方式，虽然简单的结构布置给空间带来了一定的限制，但是可以节省钢材、混凝土等用量，一定程度上摆脱了对现代技术与经济的依赖。

结构的组合方式，是指根据具体情况，采用多种不同的结构体系进行组合。比如，采用外墙承重与内部局部框架承重相结合，是低技术常用的方式，这样会比全框架结构有相对的经济优势；根据空间使用功能不同，运用不同的结构技术来应对，小空间可以采用砖石砌筑的墙承重技术，而大空间则采用更大的传统井字梁结构，体现了具有针对性的作用。同装配式预制化的现代工业建筑相比，低技术体现了不受预制化、模数制的限制，体现出了灵活、简便的结构特点。

运用低技术的建筑，在结构表现上往往采取摆脱欧洲古典主义传统，同时也不主张运用现代主义的国际式，其特点是把地方建筑的结构和基本形式保持下来，往往遵循一种传统以来形成的"模式"，比如几进院落、中心向心空间等，一般不主张自由秩序，这种散落布局和大小空间的变化是组合运用各种结构方式的基础。

4.2 高技术表现

高技术（High-Tech）表现具有鲜明的时代特征，这里的"高"是指相对大多数技术而言处于领先的技术被称为"高技术"。具体表现为，建筑利用技术含量高的技术手段，侧重于建筑的精确性和表达性，精心于建筑细部，以相关行业的高新尖端技术为重要支持手段，材料以合成金属、特种玻璃和复合材料为主。高技术重视技术综合，需要多学科技术人员从头至尾参与，包括环境工程、光电技术、空气动力学、计算流体力学等。强调细部设计更服从于技术措施，而非建筑形式构图。设计过程常常借助于数字技术，必要时需要进行试验和计算机模拟。

高技术表现既包含技术在实质性层面的运用推进，也包含其在建筑视觉形式层面的表现。事实上，无论是解构主义、高技派还是新现代主义都对新技术的应用十分重视，建筑师不但重视应用而且还热衷于将其表现出来，在突出技术的"高"、"新"地位的同时，还将技术的逻辑关系上升为时代的美学表现。

一段时间内，"高科技"或称"高技术"风格独领风骚，原因在于其毫无保留地尽显当代建筑技术的精致、效率以及清晰的"逻辑"。持高技术观念的建筑师在当代的科技背景下，以表现技术为目的，技术不再仅仅是方法或者隐匿手段，而是主要的创作目标之一，甚至在"炫技派"看来，技术甚至成为表现的最重要的目的。高技术颠覆了建筑的表现形态、表达了新时代的科技特征以及技术表现至上的价值取向，这类作品的出现给建筑创作观念带来了许多改变。

4.2.1 产生根源

技术发展为建筑创作开辟了广阔的天地，同时，建筑师在创作中希望表达最新的时代特征，技术的快速发展不但提供了更大的可能性，而且还启发了建筑师把技术作为表现对象的灵感。技术满足了人们的各种需求，同时也改变了人们的审美意识，开创了直接鉴赏科技美的美学新领域，最终上升成为一种具有时代特征的建筑文化现象。

高技术得以产生并迅速蔓延开来，具体说来有三方面原因：一是技术进步的客观拉动，建筑本身就是力学、数学、物理学、材料学等科学综合发展的产物，更是相关水、电、光等技术的直接支撑的载体，因此利用高技术可以满足当代日益发展的需要；二是技术思潮的深层推动，具体表现为机器美学的推进，蕴涵着丰富技术美学价值的建筑进入了当代的审美视野，并成为时代技术美学的"显示器"；三是社会发展的需要，建筑绝不是简单的艺术或者技术问题，作为公共的社会资源，它更会成为一定社会需求的诉诸载体。

（1）技术进步创造了客观条件：自20世纪20年代起，各项技术进展迅速，电子通信技术、制造加工技术等不断发展，机器工业给建筑技术进步创造了良好的条件，新材料、新结构在建筑中得到了广泛的应用与实践的机会，客观上促进了建筑自身的技术进步。电梯、自动扶梯、人工照明、通风空调等新技术的出现使建筑的使用功能与建筑的空间构成模式都发生很大的变化。在20世纪60年代以后，随着计算机技术、光纤通信技术以及生态节能技术等的高新技术进入建筑领域，智能技术的发展以及可持续发展的建筑观和环保意识逐渐深入人心，使当代建筑逐步向智能化与生态化的方向发展。

不同时期的建筑所展现的技术形式与不同时期的科学技术水平相一致。技术在与建筑功能、结构、艺术形式、建构或者与自然、文化环境的结合中，体现了技术发展变化过程的特点：技术早期偏重于与工程、功能、效益的结合运用；现代主义时期则专注于技术的纯理性表现；后现代与多元化时期建筑偏向于建筑文化与技术的结合与运用，具有一定的人文主义色彩；当代技术强调人文、生态精神的结合，具有生态和人文精神的综合技术美学价值。当代的高技术建筑始终与不断更新的技术相伴相随，技术的客观进步最终导致高技术建筑的全新形态。

（2）机器美学思潮提供了主观基础：高技术倾向的历史根源，可以追溯到自现代建筑以来的两个阶段的机器美学思潮。

第一个阶段，以"建筑是居住的机器"为代表，被称为"第一代机器美学"，期间产生的机器审美趋向为建筑创作的高技术倾向奠定了理论基础。出于经济适用的目的，工业技术被应用到建筑中以解决实际问题，勒·柯布西耶在《走向新建筑》一书中，认为轮船、汽车、飞机等机器产品有自己的标准，不受习惯势力和旧样式的束缚，是经济和有效的。"工程师受经济法则的推动，受数学公式所指导，他使我们与自然法则相一致，达到了和谐"。这是高技术根源的早期萌芽。

第二个阶段，始于20世纪60年代，信息技术、材料和施工技术的发展开拓了人们的思路，科技使人获得了膨胀的自信心，认为科学和技术万能，并由此产生了高科技产品的审美倾向。这时的技术美学，已发展到"高技术美学"的阶段。这是一种以相对论、混沌理论、非线性代数等当代科学理论和生物技术、电子计算机技术等高技术为支撑的美学理论。在这种理论思潮的影响下，机器美学进一步发展，同时也表述其对历史文化、场所特征、建筑生态等方面的独特理解与关怀。这种发展的机器美学思潮，推动了人们对于技术美学在建筑中价值观的理解。比如：传统概念中神圣的教堂，其空间由幽暗封闭转向明亮开敞，形态由庄重肃穆转向轻盈活泼。美国洛杉矶水晶教堂就是这种观念转变的美学体现（图4-11）。

（3）社会发展促进了综合的需要：建筑作为社会文明进步的标志之一，凝结了建造时期的科学技术精粹，其本身就是时代科学技术与艺术的结晶，高技术建筑则是该时期最高的技术成果的"展品"，同时具有巨大的社会效应。从第一届世博会的埃菲尔铁塔、到巴

黎蓬皮杜文化艺术中心、悉尼歌剧院，再到毕尔巴鄂古根海姆博物馆，当时的最新技术造

就了世界闻名的建筑，每年都有世界各地的数百万人参观，在取得经济效益的同时，也获得了巨大的社会效益。这类建筑运用当时的"高技术"建造，向社会公众展示科技的力量。除此以外每五年举办一次的世界博览会，也体现了社会对高新技术的展示需求。展会既体现最新的技术成果，也代表着未来技术的发展方向。可以说，社会综合的整体需要也是创作中对高技术建筑偏爱的根源之一。

图 4-11　洛杉矶水晶教堂[62]

4.2.2　凸现表皮

高技术不但要求建筑更好地发挥材料性能，而且进一步突出了表皮中的材料表现。这是一个媒体信息发达的时代，也有人称之为"信息读图"时代，建筑的表皮是建筑视觉形态的直接外在的显露，因此具有极强的创作给予信息。运用合成金属、特种玻璃、高分子膜材等高科技材料，展现其高超细腻的材料工艺，使得表皮材料前所未有地受到创作的追捧。表皮形态的变化进程与材料科学、力学科学的进步唇齿相依、密不可分。运用高科技材料，已经成为高技术创作的一个重要手段，对各种高科技材料的掌控，使建筑师的创作获得了"标签式"的效应。

4.2.2.1　表皮形态的轻薄透明趋势

自现代建筑中围护界面从承重的角色中分离出来以后，建筑界面彻底得到释放。发展到后期，建筑表皮出现了轻、薄、透明的发展趋势，这是当代高技术表现的一个重要走向。

表皮变得更轻，从最早密斯的摩天楼玻璃表皮，到盖里的古根海姆博物馆的曲面金属薄板，再到格里姆肖的伊甸园的高分子透明膜材表皮，高技术创作明显地带有使表皮变得更加轻盈透明的趋势。

透明表皮的处理，给建筑创作带来了全新的理念，比如当今广泛应用的高分子透明膜材，具有表面细腻、半透明的光学效果，结合夜晚的照明可以变换各种颜色。北京奥林匹克游泳中心——"水立方"，选用了透明的 ETFE 膜质作为建筑的围护界面，这一新型的高分子合成材料恰当地表达了晶莹剔透的游泳馆主题。既代表了最高的科技发展水平，也充分表达了建筑创作思想，是技术美学的最好诠释（图 4-12）。

表皮材料从传统走到现在，完成了厚重到轻薄的转化，一部分源于结构体系的发展；一部分得益于材料表皮自身的技术进步。金属薄板、特种玻璃、透明膜材等材料，在客观上体现的轻与薄，在主观上已经被认为是高技术的象征。新型建筑材料的发展为建筑形态的多样性提供了巨大的舞台。建筑由此变得轻盈飘逸、洒脱自如，动感而富于个性。高技术表皮的透明趋势还体现为可以通过技术手段，实现对这种内外界面的调控，包括对透明度、颜色的控制，体现了高技术的时代魅力。

表皮透明给创作观念带来了启示，建筑的内外变得模糊：从空间围合上讲，表皮给出

图4-12　北京奥林匹克游泳中心——"水立方"[9]

了明确的空间限定,并把人工环境从自然环境中分离出来;从空间属性上说,光线、景观已经打破了建筑的封闭,又把人工环境融合到自然环境中去。

4.2.2.2　表皮形态的流动软化趋势

运用高科技的材料来追求"软化"的效果,是材料凸显表皮的另一个趋势。高技术创作希望打破钢筋混凝土与玻璃的冰冷感,表皮材料的流动软化趋势也是当今建筑走向情感化、艺术化和意境化的手段之一。表皮材料表达了"高情感"与"高技术"的结合,从而获得了丰富的效果。特种金属板、曲面玻璃、百叶格栅、有机织物、膜材等实体性很弱的现代材料取代了沉重的砌块、混凝土墙体,并施以浅色,使之进一步虚无化,从而创造虚幻的意境。由英国建筑师阿特金斯设计的位于阿拉伯联合酋长国首都迪拜的芝加哥海滩宾馆(图4-13),立面采用双层膜结构建筑形式,造型轻盈、飘逸,是一个帆船形的塔状建筑。这个建筑一改往日高层建筑惯以示人的钢筋混凝土和玻璃摩天楼的形象,建筑的外界面不但有曲线般的柔软,还有细腻的织物般的肌理,既让人想到沙漠中的帐篷顶,同时也暗示了阿拉伯民族的轻纱白袍,这个柔美的建筑表皮特色十足,建筑的标志性同时被加强。

图4-13　迪拜芝加哥海滩宾馆[30]

新型高品质合成材料不断被开发。比如高分子合成材料、绿色环保材料、带记忆的金属材料等,一方面促进了建筑新型结构的诞生,另一方面也给建筑表皮的柔软表现带来了更大的自由度。运用最新的材料技术,将曲面玻璃组合成流动柔软的体量,体现了当代高超的材料连接加工工艺。如奥地利的格拉茨美术馆(图4-14),整个体量呈流线性般圆滑,没有一处尖角,完全没有了笛卡尔的垂直正交的概念,没有墙体与屋面的分别,没有了墙面之间的交接，以一个完整的变异曲线形态出现在城市中，突出了表皮的流动感。

图4-14　奥地利格拉茨美术馆[33]

伊东丰雄写道："建筑一定要像我们的皮肤一样柔软和有延展性，能够作为媒体的外衣去扩展我们的表皮来使人适应新的环境，使媒体通过这些表皮传播信息，并为人所见。"[63]新型建筑材料的发展为建筑形态的多样性提供了巨大的舞台。建筑由此变得轻盈飘逸、洒脱自如，动感而富于个性。材料变化必然将会给建筑的外表肌理带来新的革命。

4.2.2.3　表皮有被赋予媒介功能的趋势

在信息时代，任何可见的公共资源都成为了信息传递的载体，因此当代建筑的表皮被赋予了媒介功能。建筑表皮携带信息的设计理念彻底打破了现代主义建筑所推崇的纯粹、独立和静态的建筑意向，让当代建筑师在不断变化的社会文化背景中重新认识到生活中的片断、变异和非稳定性要素之间的内在关系，并以一种更加关联和动态的思路来探索当代建筑。

图4-15　电子液晶玻璃[30]

技术发展使建筑表皮的功能得到进一步的拓展，而不仅仅是围护内部的界面功能。建筑外皮被赋予了媒介功能，表皮用特殊的液晶玻璃制成，在建筑内部效果同普通的玻璃一样，可以引入外部光线和景观，但在建筑外部则成为一个通过计算机控制的巨大显示屏，这是数字技术与表皮材料技术结合的创新结果（图4-15）。

随着信息技术的发展，激光技术和全息影像技术开始在建筑表皮的媒介手段中逐渐应用，这使得媒介手段对建筑形式的影响有了更多的可能性。使用液晶显示玻璃、合成薄膜、红外线反射聚碳酸醋薄膜等轻质透明材料，以及最新的照明技术，包括激光和计算机调控方法，使建筑产生了"新"的秩序。这类建筑模糊了立面的分别、模糊了形体变化与表面装饰，犹如六面体的可变魔方，以一种极端强化与简化的方式把建筑表皮凸显出来，材料、颜色、质感、构造等信息全部被忽略，只有其数字媒介信息成为唯一的、可变的视觉信息来源。这种表现是基于全球化、信息化和大众娱乐传媒的高度发达基础上的，一定程度上代表了都市商业文化的一个侧面。

4.2.3　强化构造

高技术突出了构造表现，用以延续机器美学的创作理念，将最新的智能控制设备与构造结合，张扬技术个性。当代建筑由于材料多元化发展，结构也向复杂化发展，因此构造手段变得越来越复杂，一部分构造由建筑师设计完成，另一部分则由专门的生产厂家专业制作。构造技术已经为当今高技术建筑创作涂上了浓重的一笔。

4.2.3.1　整体暴露的构造节点

构造技术飞速发展，已经从后场走向前台，在当代建筑创作中的地位凸现出来。罗杰斯与皮亚诺设计的蓬皮杜文化艺术中心，以"翻肠倒肚"的构造暴露的形式，体现了犹如工业机器般的技术理念。它一反传统，将电动扶梯、通风管、水管甚至钢铁桁架等设备以及柱子、楼梯、大梁等一律请出室外，为了突出强调它们，还涂以鲜艳的颜色，使所有的交接构造一目了然。有的节点构造还被夸张放大，成为建筑立面装饰的一部分（图 4-16）。构造的整体显现，使建筑的高技术形象得到充分的强化，蓬皮杜文化艺术中心因此成为了高技术建筑里程碑式的宣言。表达同样理念的还有德国建筑师韦伯（Weber Brand）设计的亚深理工医学院，这是一个巨型结构，外露的构造形式与设备管道成为建筑的主要形象，管道和钢结构被涂上亮黄色和金属的银灰色，栏杆、楼梯和雨篷涂上红色，用以作进一步的视觉强化。金属材料制成的构造细部和鲜明的色彩吸引了人们的注意力，缓解了单调的大体积混凝土的影响。

图 4-16　蓬皮杜中心裸露的构造[10]

这种"内"与"外"的颠倒，把原来隐藏在内的要素全部凸显出来，原来显现在外的要素被彻底掩盖从而隐藏了起来，体现了对传统的颠覆和对技术的信心；这种功能与形式的反转，把原来功能性的构造、设备变成了形式，原来意义上的建筑形式彻底消失了，以至于创造了巨大的视觉陌生感和新奇感，令人对高技术建筑过目不忘。

4.2.3.2　局部结合的构造节点

高技术发展到当代，已经由"粗野的暴露"转向了功能性与艺术性结合。构造节点结合新材料、新设备与数字控制技术，构造工艺更加精细化、人性化，原来的承载功能进一步细分，构造不仅仅是材料、结构、装饰的组合，更增加了许多与控制性、智能型设备等相关联的内容。比如，如何安装、连接建筑中遍布的数字网络、自控的表皮系统、数控遮阳设备、雨水收集系统、能源发电系统等。奥地利格拉茨美术馆，把采光、通风的天窗构造与建筑顶部形象结合起来，天窗构造与表皮的交接采用起翘渐变的手法，从而消失了交角，产生了功能性与艺术效果均佳的效果。天窗与中庭顶部的通风塔相连，楼板采用可以供应空气的通风空心板，室内通风运用效能监测系统进行整体控制（图 4-17），一系列构造手段提供了舒适的室内环境。英国肯特郡的青水购物中心，利用风洞的原理，通过屋顶有效的构造引导空气向下流动，穿越空间，使购物中心变成购物大道，室内因而获得了阳光、微风等自然要素。构造进一步结合建筑的表现性，这是高技术建筑对待细节表现的一个重要概念，许多高技术建筑师十分关注构造的细节形态，并在技术构造与材料的结合中反复研究（图4-18）。

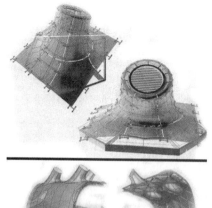
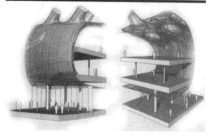

图 4-17 格拉茨美术馆天窗构造[33]

图 4-18 柏林国会大厦穹顶构造研究[64]

4.2.4 彰显结构

在高技术创作中，结构作为最有技术含量的要素被彰显出来。主要有三方面的突出表现：建筑表现出对结构力学极限的不断挑战，建筑越来越高、越来越大，悬挑尺度不断加大；结构体系越来越复杂，必须借助于计算机的模拟和验算，否则无法完成；结构形式不断创新，通过结构的新颖性、独创性来显示技术的力量。同时，刻意追求结构的精确、构件的精美、连接的精准……结构表现不断得到强化，成为具有时代精神的重要的表现手段。

4.2.4.1 趋向结构的极限性

在工程力学理论发展下、在计算机技术的应用帮助下，结构的各项记录不断地被刷新，有向结构极限挑战的发展趋势。

（1）悬挑的极限性：悬挑表达了结构抗拒地心引力的意愿。随着技术的发展，悬挑的记录不断被打破：从古代的构件悬挑——斗栱开始，到后来的 MVRDV 创作的多层住宅的整个房间的大尺度出挑，再到当今 CCTV 大楼十几个楼层的整体悬挑，建筑形象发生着巨大的变化。水平出挑的 CCTV 大楼，是当今结构出挑最多的高层建筑，其整体犹如一个莫比乌斯环，展现了一个立体而简单的"构成"，在 120m 的高空，这种挑战极限的悬挑尤其吸引眼球。而最重要的是高技术清晰而完整地将这一"极限"展示出来，外观的菱形钢构既是表面的图案，也是荷载力线传递的路径；高技术产生了超大尺度的悬挑，从设计上、技术上和施工上都是前所未有的挑战：两座竖立的塔楼向内倾斜，倾角很大；高空中悬挑出 70m，这样一种回旋式结构在建筑界还没有现成的施工规范可循。业主组织了庞大的专家组，制作了一个 1∶50 的模型用以模拟风洞试验和抗震试验。经过 2 年的试验之后大楼才获准开工（图 4-19）。此外，国外当代建筑的悬挑作品也屡见不鲜，这样的例子还有：西班牙马德里的 RELIA 大厦（图 4-20），体现了连续的出挑；美国纽约的某高层办公楼，采用的是如台阶状的层层出挑等（图 4-21）。

图 4-19　CCTV 超级悬挑[30]　　　　　图 4-20　西班牙 RELIA 大厦渐变悬挑[65]

图 4-21　美国某高层逐层悬挑[30]

　　大尺度悬挑，在主观上体现了建筑师渴望挣脱传统结构体系的束缚，追求多样形式的愿望；在客观上展示了高技术的强大支撑。在创作过程中，不但运用高技术，同时也展示了高技术，显示了技术进步给创作带来的"无限"的信心和可能性。

（2）高度的极限性：从当代摩天楼的发展来看，高技术的使命之一，就是不断地冲击人类建造高度的极限。虽然对建造摩天楼一直存在争议，但争夺世界第一高度的竞赛却从未停止，摩天楼的高度记录被不断刷新：2003年建成了449m（含天线508m）高的台北101大厦、2008年落成了492m高的上海环球金融中心、阿拉伯联合酋长国将建成180层、818m高的"迪拜塔"（BURJ DUBAI）；迪拜另外一幢计划建造中的世界第一高楼，竟然高达2800m（图4-22）。结构技术使得人们的建造高度不断地创造历史：高度节节攀升、跨度不断增大，悬挂、出挑等结构形式不断突破历史极限……毋庸置疑，结构形式是这类建筑中的决定性要素，也是建筑创作独具匠心的出发点。从创作角度来讲，更高、更大跨的结构已经超越了人们熟悉的审美尺度，人们在惊叹于工程技术本身的同时，其实建筑已经渐渐偏离了创作的视野，文化视角已经大大让位于经济与工程视角。正如库哈斯在其著作《小，中，大，特大》中提到的那样，都市巨型美学已经超越了传统的认知心理。这种极限性在创作中，表现出技术的运用水平，而对创作发展本身的借鉴意义有限。

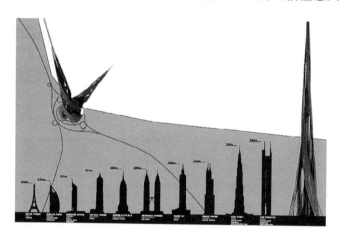

图4-22 挑战高度极限[30]

4.2.4.2 显现结构的复杂性

在传统的结构计算中，"梁—板—柱"等内力体系可以模拟线性模型来计算，这导致了对复杂结构计算的局限性。需要借助计算机大量运算的非线性结构，通常被称为复杂结构。当代建筑中的结构体系，已经变得多种多样：柱子不再垂直，直到取消了柱子；界面采用"不规则编织"，甚至还可以承重。

复杂结构的代表是北京奥运鸟巢，它采取了复杂的编织表皮，这是新颖的空间结构技术的体现，这种结构形式同时也是建筑的外观，做到了技术与艺术、形态与功能的结合，无论从结构创新还是形态创新上，都是高技术精神的体现。作为新型的不规则的编织钢构体系，体现了高度非线性的复杂特征。设计者为此专门开发了结构计算软件，来验算其受力荷载以及抗地震力的情况。这样的建筑还有赫尔佐格与德梅隆在东京创作的PRADA大厦，它也是一个编织结构，外表皮由编织呈菱形的金属骨架与特殊的玻璃组成，承担建筑的全部荷载，室内没有承重柱子，布局灵活（图4-23），建筑采用何种结构形式的传力体系一目了然。

一系列复杂结构的出现，颠覆了传统"梁—板—柱"的结构受力体系。复杂结构借助于计算机技术，可以精确地计算出与结构荷载受力有关的一切数据，大到整个结构体系，

小到可以精确到一个构件的断面。传统的线性计算模型已被复杂的非线性计算模型取代。编织表皮的结构形式，似乎重新回归了围护结构与承重结构合二为一的情况，不同的是不再运用沉重的砌块材料，同时内部空间更为自由，表皮形态更为灵活。

图 4-23　东京 PRADA 大厦的表皮编织[35]

复杂结构的技术表现给建筑创作增加了更多的选择性，尤其在结构方面——原本我们认为最严谨、最不可变的方面已经发生了变化。传统的那种静态的、保守的以计算性为主的技术，已经成为建筑形态变化中最有活力的表现部分，这是当代各种技术齐头并进、综合作用的结果。

4.2.4.3　探索结构的创新性

高技术运用从未放弃对新结构的探索，近年来出现了许多新型的结构，给建筑界带来耳目一新的感觉。

（1）充气结构：充气结构又叫气承结构，具有造价低、设计安装迅速、轻质等特点。目前，已经应用于体育场馆与大空间展厅等建筑。打破了僵硬的混凝土、钢与玻璃一统天下的局面，软化了建筑的冰冷坚硬的外观界面，使得建筑变得更加丰富。美国工程师大卫·盖格对此作了很大的发展，他针对当时充气结构（无论是气承式还是气肋式）所存在的缺陷，基于"空间的跨越是基于连续的张力索和不连续的压力杆"的理论基础上提出了支承周边受压环梁的索杆预应力张拉整体穹顶体系，即索穹顶（CABLE DOME）。在汉城奥运会上的击剑馆和体操馆就是其较早的实践。小型充气结构则计算相对简单，福斯特曾为伦敦计算机公司设计了用尼龙和 PVC 织物覆盖的充气结构，整个设计制造安装一共用了 12 天，内部包括制冷和供暖设备，每平方英尺造价仅为 1.2 美元，是新型结构的代表作品之一（图 4-24）。

图 4-24　伦敦计算机公司使用的尼龙和 PVC 织物覆盖的充气结构[66]

（2）膜材张拉结构：膜材的出现需要一种新的结构与之适应。这种结构之所以被称为新结构，在于其无法用传统的线性计算方法对其验算，由于膜的空间曲面特征，无法用平

67

面的理论近似描述，直到后期出现了找形技术和专门的验算软件，这种结构才被进一步推广扩大。薄膜张拉结构的出现，改变了大跨建筑的单一方盒子形象，世界最大的屋顶结构——沙特阿拉伯的阿卜杜勒国王机场由 210 个帐篷组成，总面积达 46 万 m^2，形成了鲜明的建筑个性。在成功开发了适用的织物后，膜结构获得了长足进步，由临时性的帐篷发展为永久性建筑。膜的支承有多种方式，如空气、索或骨架，各种支承具有不同的特点。在特定结构体系中，在已定的支承边界条件下，通过结构计算分析确定膜面的形状。

（3）"可动"结构："可动"并不是指结构的任意变形，而是通过结构体系的设计，实现建筑上"可动"的变化。目前在探索的可动结构，主要有两种：一是可旋转的高层建筑，二是可移动的房屋。意大利建筑师大卫·费舍勒提出结构可动的"动态大楼"，这种"随风起舞"的建筑将在阿拉伯联合酋长国的迪拜建造，旋转摩天大楼在每层楼板之间装

置风力涡轮，涡轮产生的电能供给楼层的自由旋转，剩余的电能将存储在每户住宅的太阳能电池中。在建造这种旋转建筑时以一个核心结构为基础，每一楼板由单独的片状结构组成，并在楼板之间装置风力涡轮设备（图 4-25）。[68]行走的房子（Walking House）是最近正在曼哈顿进行测试的一个"未来居所模块"。行走的房子将使用太阳能和风能来为自己提供必要的能源。并且，为了保证舒适性，房子在移动时要尽可能地缓慢、防振，房子还有一个特点是，采用了六角蜂坊形状的设计，还能使其任意组合拼凑。

图 4-25　迪拜的"旋转城堡"[67]

虽然在目前来看，类似实验性的结构技术尚未成熟，但技术是在发展的，今天的梦想也许就是明天的现实。可动大楼一旦建成，便彻底颠覆了传统建筑的朝向、日照、采光和景观的限制，建筑的形象也不再静止，传统创作中的一些观念认识将随之改变。可动结构，更是作为一种前卫的观念形态，其前瞻意义大于目前的实践意义。

4.3　生态化表现

在当代众多的技术表现当中，生态化表现是一种综合的表现，它所涵盖的技术也是多层次、多向度的，既有地方技术、乡土技术，也有最新的科技成果的运用。生态化既是人的目的、建筑的目的，同时也是技术的目的。从 20 世纪 70 年代以后的能源危机与环境危机开始，创作中对待技术观念开始了生态化的转向。技术表现的生态化倾向已经成为国际主流的建筑创作理念之一。为合理利用自然资源，大量生态建筑技术得到开发，包括表皮的生态材料技术，建筑日光反射系统，以及新的设备构造技术等。另外，不少应用空气动力学、仿生学等高技术成果的新材料、新技术已经在建筑中得到运用，并在实践中取得了很好的效果，这些生态建筑技术能够更好地适应当地气候、节约能源和保护环境。德国的建筑法规规范十分鼓励运用生态技术，曾建立多个整体利用各项节能措施的城镇，我国在

建筑立项、报批的环节中，也增加了生态节能的报批环节。在许多地区都建立了超低能耗节能的示范楼（图4-26），各地都在积极地推进节能减排的达标工作。

在创作层面，许多建筑师在节能技术与建筑创作之间开辟出宽阔的道路，也由此形成了独特的设计风格。德国建筑师托马斯·赫尔佐格、英国建筑师尼古拉斯·格里姆肖、意大利建筑师伦佐·皮亚诺等都作了大量积极的探索，在大量的建成作品中体现了技术的生态化倾向。

4.3.1 产生根源

（1）环境危机是技术生态化的需求：环境危机给人类敲响了警钟，进而促成了生态意识的觉醒。由此生态技术备受推崇，注重和运用生态技术则成为了倡导当代建筑发展的主要方向。

技术应用不能脱离具体环境，建筑与环境的关系应当理解为建立在更加动态化、深层化的基础之上，以环境制约与技术应用为出发点，为技术应用拓宽了全新的思考方法和视角，在实践中逐渐形成了生态技术倾向。

技术的生态化表现源于生态观念和意

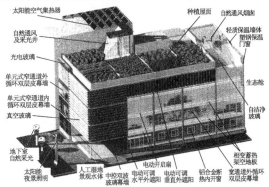

图4-26 清华大学的超低能耗示范楼[69]

识，具体表现为：在人与环境的关系上，表达出对环境的尊重，充分认识到"自然不属于人类，但人类属于自然"的观点；在环境伦理观念上，从人类中心主义转向建筑与自然和谐发展、共生共存的生态伦理观；在对待环境的策略上，以无伤害为原则，采取与环境保持亲和关系的轻柔的触摸方式，而非"重拳出击"的掠夺式手段；在对于环境资源的利用上，由消费型向资源的可循环再利用型转变。技术对于环境的影响效应，应当从环境衰退和危机的阴影中摆脱出来，通过不断的技术进步逐步建立起人与自然生态环境和谐平衡的机制。

（2）科技进步是技术生态化的条件：在人类科技进步的前提下，建筑生态技术在自身发展的过程中科技含量不断增加，生态效率也在不断增长。采暖从火炉、壁炉发展到阀门调节的散热器，再发展到具有能自动调节的空调，最后又出现了智能型高效供暖设备；机械通风从抽风机到带热回收的通风设施，再到可调控的智能型通风设备；保温材料从黏土砖、空心砖、加气混凝土等发展到含气体、低密度的有机材料，再到高隔热透明或半透明合成材料等。科技的进步，使技术的生态化获得了巨大的背景支撑，同时也是技术进一步生态化的推动力。

科技进步促进了技术的生态化，主要表现为对太阳能、风能等绿色能源的利用、对日常建筑运行能耗的减少、对环境排放污染的减少以及运用可循环材料和可再生材料。单体建筑中选用节能的材料、节能的构造做法等措施。同时，建筑相关技术的引进，间接地促进了生态技术的发展。数字集成技术、自然通风技术、光环境技术、照明技术、低能耗围护结构、太阳能利用、地热利用、中水回用、绿色建材和智能控制等技术在不同层面给予了生态技术有力的支持。

这些明显的技术进步，给建筑生态化带来了明显的改变，同时也给建筑创作的运用带来了巨大的潜力和可能性，生态化倾向将成为建筑创作主流倡导的方向。

4.3.2 材料整合

（1）材料的绿色环保趋势：材料是建筑的物质基础，传统的材料依靠对能源和资源的大量消耗，因而有非生态的一面。当今的生态材料在其寿命周期的各个环节体现出了绿色环保的理念，从开采制备到使用废弃以及回收利用，都显示出了它们与资源、能源和环境正在改善的生态关系。

绿色环保材料被称为"3R"材料：Reduce——节约资源、Reuse——可再生利用、Recycle——可循环。材料很容易对人类的生存环境、健康安全造成损害和威胁。因此，"生态建材"的研究和开发已成为当今全球关注的热点。所谓生态建材，是指对人体、周边环境无害的健康型、环保型、安全型的建筑材料，这也是区别于传统建筑材料的主要准则。

在比利时，已经利用"3R"材料建成了可循环的生态建筑，其中共使用约250种可循环材料，除屋架外，所有材料均可循环使用，如：可循环混凝土承重结构、由拆建碎料和白水泥制成的砖墙、可循环石棉板屋面、可循环聚乙烯保温材料、木屑地板、地下室磨细矿渣砌块内墙、石膏再生纸板隔断墙、磷石膏和氟石膏基面板墙、可循环家用废塑料和沥青渗透报纸屋顶等。

（2）材料的生态集成倾向：高科技材料集成了许多最新的技术，运用集成技术是生态化倾向的主要手段，这种集成化的材料不断发展成熟，基本是以"构件系统"的方式表现的。光电幕墙材料技术可以满足恶劣天气对幕墙的所有要求。不但满足建筑的物理需求，比如阻燃、保暖、隔热等，而且可以把光能转换成电能。加装了光电模板后，可代替抛光的自然建材，并且在生产、使用、报废的全程对环境无污染。光电幕墙在许多国家的工程中得到实际应用，例如英国利物浦基础物理研究院、德国哈姆尔城市大厦等。

利用高分子材料进行材料的生态化改进，也是生态技术的主要方向之一。气凝胶玻璃板是一种半透明保温材料，它既允许光线通过，又能在很大程度上阻隔热传导的进行。建筑使用这种材料，日光可以均匀分布于更大进深的室内，而且有效地避免了眩光。托马斯·赫尔佐格在德国的BAVARIA建筑事务所就使用了这种气凝胶玻璃（图4-27），取得了良好的生态效果。

图4-27 气凝胶玻璃昼夜的效果[70]

建筑材料集成概念是今后发展的趋势，由此可以推测，一旦某种建筑材料集中了多种功能，建筑形式也将发生相应的变化。例如，以上两种材料作为建筑外墙材料以后，建筑外墙形式变得更加轻盈、通透，整个建筑形式也跟随着发生了变化，给人以一种全新的感觉。而这种轻质、高强和多功能的建筑材料所带来的必然是灵活多样、构造精致的建筑形式。

4.3.3　智能界面

4.3.3.1　可控光线界面

从古代万神庙中神秘的光线开始，人们从未停止利用技术探索改变建筑的光环境，目前，利用智能技术可以根据季节不同、早晚不同，以及建筑功能的需要，改善并获得理想的光线环境。

比如巴黎的阿拉伯世界研究中心就采用了这样的智能幕墙，它使用了最新的技术和构造工艺，主立面用框架和滤光器的手法处理采光，并覆盖隔栅，可以根据阳光作出精确调节，达到采光和遮阳的目的。可控光线的幕墙犹如一种类似相机镜头快门的遮阳装置，在每一个单元格中，控制调节的电子线路板清晰可见。外墙滤光器在光伏电池的控制下能根据光线的强弱收缩或舒张，控制太阳辐射量。建筑使用了纤细和精巧的金属节点，使用了一种对反射、折射和逆光效果都敏锐的装置，创造了采光和遮阳的奇迹，由于其光孔可变，它带来了更多光线的戏剧性效果。体现了节能技术和创作艺术的完美结合（图4-28）。可控光线外表皮系统获得的巨大成功，成为阿拉伯世界研究中心最富感染力的标志，在其可控界面的生态意义上，对建筑创作很有启示。

图4-28　阿拉伯世界研究中心的
可控光线表皮[71]

4.3.3.2　智能呼吸界面

建筑的围护界面已经不再仅仅是单纯的表皮，在当今已经成为建筑与外界环境进行能量和物质交换的界面，一种有生命力的"皮肤"。典型的代表是"双层智能幕墙"，它利用了对流原理，在幕墙中间设置通风换气层，由于空气对流，从而产生了"烟囱效应"、"温室效应"。夏季可以降低室内温度；冬季可以提高室内温度。如果幕墙与计算机传感装置结合，则成为主动型太阳能智能型幕墙。在发达国家，这样的智能幕墙其耗能只相当于传统幕墙的30%。[72]

德国建筑师托马斯·赫尔佐格被誉为智能建筑领域内的革新者。[73]他发展了最佳气候条件下的表皮设计，把生态技术融入到建筑材料中来且大幅度地降低了对不可再生能源的利用，成功地把美学、技术以及功能有机地结合在一起，从而形成了自己独特的创作风格。此外，还有英恩霍文欧文迪克建筑设计事务所设计的德国的埃森 RWE 办公大楼（图4-29）。整个圆形的大楼外表被"双层皮"幕墙包裹，用于有效的太阳热能储备；内层设置可开启的无框玻璃窗，可使办公室空气自然流通。每层楼板处有形状如"鱼嘴"的金属构件水平划分外立面，自然风可以由"鱼嘴"吸入和呼出，在"双层皮"幕墙的夹缝中穿行，内层的窗户可以根据需要打开。整个大楼的70%通过自然的方式进行通风，热能节约在30%以上。

智能建筑界面的机能类似于人的皮肤，远不止是一种视觉表象，功能上已经接近皮肤构造的组织方式，它具有逐级深入的分形特点和基于这种机制的生态自我调节功能，是表皮创作的出发点，在建筑技术生态化表现中是一种鼓励发展的倾向。

4.3.3.3 利用太阳能的界面

太阳能技术是技术生态化表现中的重要方面之一。早期太阳能技术仅仅作为一种设备附属于建筑之上，建筑与设备是分离的关系；当代太阳能技术与建筑技术同步发展，出现了太阳能光电板与建筑外围护墙体结合的趋势。建筑表皮具有了产生能源的生态功能，这些功能优先并与创作结合的技术生态取向，给建筑带来了全新的形态。现在对太阳能的利用已经进入成熟阶段，作为提供能源的太阳能光电板同玻璃、铝板一样成为建筑的围护材料，在德国等发达国家已经广泛应用。

福斯特设计的时代广场4号大楼，整个几十层的大楼全部用类似玻璃效果的光电板包裹，体现了一种当代高技术的精密制造的美感。该大楼利用太阳能发电，通过蓄电池储存起来，可以作为提供照明、制冷、取暖等能耗的能源，基本做到自给自足（图4-30）。

图4-29 智能通风表皮[74]

图4-30 太阳能光电板表皮[53]

这种创作的倾向以生态观念为主导，以实际需要为出发点，相比之下略显忽略文脉、主义、流派等思潮。体量是由功能需要并且经过计算的体形系数来初步确定的，材料除了单一的光电板以外，基本没有体现材料、装饰的变化，构造、设备更是被简化到最少。创作完全是从生态发展需要出发，利用最新的技术，在这个意义上讲，技术的形式决定了建筑的形态，这种技术表现当今有被加强的态势。

4.3.4 结构优化

4.3.4.1 结构的低耗高效

从结构角度出发，注重生态效益，是技术生态化表现中的重要发展方向。结构体系的高效率使用、节省实现结构体系所耗费的材料能源，本身就是一种生态观念的体现。巴克敏斯特·富勒是较早从结构体系优化的角度，关注技术的生态效益的。他通过对球形金属结构的研究，提出了"少费多用"的结构体量原则，致力于研究以最小的消耗，来获得最大的空间以及最高的强度。他创造的 Dymaxiong 住宅体系和装配式球形网架（Deodesc Dome）被称为迄今为止人类最强、最轻、最高效、最节省的空间体系。富勒的最主要成就在于几何穹顶或称网格球形穹顶，这是在彻底简洁的功利观念下发明的一种轻量、高效并富有象征性的空间结构。在路易斯安那州设计的联合油槽车公司修理站是当时世界上最大跨度的，其直径达 117m。另一个著名的建筑是加拿大蒙特利尔世界博览会的美国馆，其直径为 76m，高 60m，为多面体的杆件体系，大尺度的圆球体表现出与众不同的高效空间（图 4-31）。

图 4-31　蒙特利尔世博会美国馆[9]

结构创新的基本原则是基于他认为在自然界存在着能以最少结构提供最大强度的系统，即他称之为的"高能聚合几何学"。这类似有机化合物中的晶格，以角锥四面体为基本单元，即"力和综合力的几何形"构成网格球形穹顶，这是使用同样的材料和构件所能达到的最大空间。由于没有尺度上的限制，所以富勒甚至设想过用这种体系来覆盖纽约城。

其结构的生态效应有三：一是用最少的材料形成最简洁、直接的结构，而这个结构可以创作出单位材料产生的最大的空间，体现了对材料的节约观念；二是现场装配式施工，无噪声、无湿作业，对环境的负面影响达到最小，是绿色环保的建造方式；三是所用的结构可拆装，减少了拆除、爆破、清理等的耗费，并且材料可循环使用，是可持续发展的材料。

4.3.4.2 结构的替换选择

技术的生态化表现还体现为，因地制宜地调整结构布局，根据环境选用有效的结构，并与环境协调。在结构选择过程中，根据生态原则，结构调适最终体现了整体性的生态效果。英国建筑师尼古拉斯·格里姆肖设计的英国伊甸园工程（Eden project），主体位于深坑地形，由互相连接、气候可调整的多个透明穹顶组成，建筑积极地利用了地形，与凹进的坡地有机地"嵌入"在一起，有利地利用了天然半地下位置，"生物穹顶"的球形结构由标准的浇铸构件组成，并连接成六角形的单元，与双层球形网架一起构成了一种最为轻薄的外围护结构。

图 4-32　伊甸园项目[30]

在设计中，结构布局经过了多次调整。格里姆肖需要屋盖结构尽量轻，网格单元尽可能大，Hunt 事务所的工程师先选择的是单层网壳，经计算和校核出的构件尺寸是能够被建筑师接受的。但是实际情况并非如此简单，因为工程师发现一旦考虑到构件的初始缺陷后、进行结构极限承载能力的非线性计算时，要满足结构不失稳，构件的尺寸大约为直径 500mm 钢管，在伊甸园的特定场景下这个尺寸的构件在视觉上是比较沉重的，因此结构方案改为对缺陷不如单层网壳那么敏感的双层结构，这样弦杆构件直径约为 193mm，腹杆构件约为 114mm，从使用评价看，虽然是双层网壳，仍然达到了比较理想的视觉效果（图 4-32）。整个设计突出了结构与自然结合、结构充分利用地形的特点。

4.4　本章小结

本章从当代的视角出发，以现象学的研究方法，建构了技术表现的三个方面：低技术表现、高技术表现和生态化表现。

首先，文章从历时悠久的传统技术、扎根本土的地方技术以及民间建造的乡土技术入手，辨析了低技术产生的历史和社会根源，提出了低技术具有材料平实、构造适宜、结构质朴的三个方面的具体表现。其次，辨析了高技术产生的思潮根源和时代背景，提出了高技术具有凸显表皮、强化构造、彰显结构的三个方面的表现。最后，辨析了生态化表现产生的环境和社会根源，提出了生态化具有的材料整合、智能界面、结构优化三个方面的表现特点。本章分别对低技术、高技术和生态化的具体表现进行了梳理与剖析，在此基础上，进一步分析了三个方面的技术表现对建筑创作层面的影响与作用。

另外，当代技术处于一个高度融合的发展阶段，技术的不同侧重表现，更是在表现程度强弱上的划分。技术更多的时候是走向融合，比如早期的高技术倾向到了后期也开始注意与生态技术的融合、高技术有时也注重借鉴地方传统技术等。所以说，技术表现并不是静态的，而是在不断发展变化的，我们的研究视角也正是从技术表现的最主要的方面着手考察的。

第 5 章　建筑技术的时代倾向

当代建筑技术发展呈现出多元化的倾向，复杂的现象反映出了技术观念上的差异变化。技术观念是创作观念中重要的组成部分，技术应用的价值取向问题是影响技术倾向的主要原因之一。

对于艺术和生活来说，真善美是被广为接受的衡量标准和情操境界。建筑包含了艺术成分，更贴近人们的日常生活，真善美的认知和接受标准同样也是建筑的评判准则。当代建筑综合表现为一种技术发展的真善美的倾向，越来越注重技术表现的真实性原则，强调把时代最新的高科技水平在建筑中展现出来。重视技术措施的高效、节省、好用，追求技术的优化。更进一步，在注重自身表达与效能提升的基础上，注重技术与社会经济、历史文化、自然环境等应用背景的和谐关系。技术在发展过程中"求真"的价值意识体现了技术主体的意愿，大到国家、地区，小到建筑师及其团队，都希望技术客观真实地成为建筑整体表现的一部分；"至善"的行为态度是技术的内在要求，技术的发展进步，将给建筑带来更实质性的变化；趋美是技术做到了"至善"、表现了"求真"之后的理想追求，可以更进一步地给人带来审美的愉悦，表达了趋向于"完美"的意愿。

5.1　技术表现的求真倾向

求真倾向，是指建筑技术在表现层面的求真，在建筑创作中运用真实的技术并获得技术的真实表现，这种真实体现为一种适度，过与不及都会影响到真的表现。步入后工业社会以来，在高技派建筑形式表现中，体现了对技术表现的极端追求，冰冷的金属表皮、光滑的玻璃、裸露的设备节点……使创作成为了技术表现的"奴隶"，一切"为了技术而技术"，人们在赞美、惊愕、困惑的同时也不禁要问，这是否就是人类社会发展真正需要的技术。后现代和解构主义时期，现代主义形式枯竭和高技派的人性冰冷遭到批判，但是，过分地追求文脉与符号形式，难免会导致庸俗与造作，甚至产生了虚饰的"形式"。出现这些表现的原因之一，就是在技术运用过程中，缺乏"真"的缘故。而表现形式并非凭空臆造，需要实实在在的技术实施与完善，技术表现方面的求真也反映了建筑发展的需求。

技术手段具有多层次、多向度、动态化的特点。当今，建筑越来越复杂、人的需求越来越多、越来越高，也导致了技术实现手段的复杂化。因此，从建筑本身组成的材料、构造和结构入手，辨析复杂技术现象，能从根源上抓住问题的主要矛盾。

材料、构造和结构是建筑技术以载体形式表现出来的重要的三个方面。打一个比方，材料是建筑的基本构成单元，类似细胞；构造是出于一定的功能目的，将材料构组起来的形式，类似器官组织；材料与构造组成了建筑的空间结构，类似骨骼。三者的有机结合，才能产生更为健康的建筑"肌体"。因此，这也成为关照技术表现倾向的三个方面。

5.1.1 材料表现求真

建筑是通过对各种材料的组合运用而形成的，建筑展现在我们面前的面貌也就是各种材料组合在一起所形成的面貌。但是，长期以来，创作中材料的运用却始终在为"空间"、"形式"服务着，丰富的空间变换和多样的形体组合曾长期是创作关注的焦点，因而在一段时间内，创作中对材料运用的重视程度弱于人们对空间、形式的重视程度。

现代主义建筑强调"空间才是建筑真正的主角"[75]，以空间为中心，为强化概念进而把材料分为透明、半透明和不透明的几大类，而忽视了同类材料在色彩、质感以及造型方

图 5-1　建造中的萨伏伊别墅[76]

式方面的差异。柯布西耶在萨伏伊别墅中的白墙、"纽约五人"和迈耶的"白色派"创作，都是掩盖材料真实性的极端例子（图 5-1）。后现代时期，创作中对材料的运用又走向了另一个极端：强调材料的图案化、或具象或抽象的几何化的表面形式，同样也没有做到把材料真实地表现出来。在当代重视地域文化的背景下，材料表现获得了前所未有的重视。因此，建筑表现由注重"空间"、"风格"开始转向注重其自身本体，对材料自身真实性表现的探求越发受到重视。在当今的创作实践中，由现代主义的"空间"主导创作，进而转向关注实体本身的材料揭示。因为不同的材料具有丰富的地方性表现力，所以对材料的关注自然成为地域文化表达的重要内容。

当代材料的表现求真是建立在对现代主义与后现代主义的批判之中展开的。在现代主义时期，材料受到"去装饰化"的影响，自身显现受到抑制，大多以白墙粉饰。柯布西耶强调的建筑三要素中包括体量、平面和表皮。然而，材料表现并没有像他描述的那样受到重视，相反，柯布采取了对于表皮以"白墙"粉饰的方式。通过约简净化的手段来突出空间体量的形式感，白墙成为了一种装饰性外衣，在它貌似实体建造的同时却在本质上仍旧具有层叠建造的特质，佩罗所说的"实在美"被大大弱化，形成了一种新的"任意美"。[77]这种处理手法满足了建筑纯粹性的形式要求，符合心理学的研究成果：心理学认为人对形式的注意力是一种很有限的资源，一次只能分配到少数几个对象上面。源于立体主义的早期现代主义建筑师们，正是通过对空间界面的去物质化（Demate - rialization），即尽可能利用均质化、单调化、减少质感层次、无色彩化等手段，令界面材料的物质表现力降到最低，来抑制界面的"实相"对注意力的攫取，从而使人们对于建筑的注意力得以更多分配到空间界面的"虚相"上去，以使空间凸显为建筑的中心。[78]

在后现代主义时期，虽然建筑的形式化、装饰化要求得到发展，但是材料运用却流于符号化、图案化，材料自身的本体属性仍然被"构成"式的非材料因素主导着。在后现代大师罗伯特·文丘里的创作中，使用了很多装饰性的古典建筑上的片断作为"符号"，以此来体现建筑与相邻建筑的交流、与历史文化的交流、与大众的交流。格雷夫斯设计的胡安卡皮斯特拉诺图书馆，材料构造都被简化，看上去更像是舞台布景道具（图 5-2），材料此时也仅仅为体现建筑的"矛盾性与复杂性"的形式服务着，其自身的表现性仍然被禁锢着。

材料的真实性一旦得到释放，就会带来巨大的关联变化。比如，玻璃最初应用于宗教彩绘，光线和视野并不通透，其真实性长期被图像所掩盖。现代主义时期，玻璃的真实性彻底得到释放，与钢组合在一起的玻璃摩天楼，是对光线、视野最好的展示。当代玻璃技术的运用已经超过对阻隔与透明的简单理解，许多建筑师致力于辨析玻璃这种特殊材质对光的变幻魔力，体现在对玻璃的半透明性、对玻璃腐蚀图像、液晶媒介玻璃等的研究上，追求这种材料的"幻相"成为了玻璃表现性拓展的主要方面。

图 5-2 胡安卡皮斯特拉诺图书馆[21]

当代,伴随着地域化观念的深入人心,人们意识到,空间不是地域性独有,而历史符号的形式也只是某一方面的影响因素,只有构成建筑的实体材料因地域广大而呈现出丰富特色,具有自身的文化历史内涵。因此,当代材料回归到了对建筑实体及材料本体的表现中来。

5.1.1.1 表达自然本性的真实感

材料运用是建筑技术中的一个基本问题，如同画家的着色颜料，只有经过精心的安排与加工，才能形成具有意义的"作品"，否则仍是"无生命"的物质元素。建筑的结构功能应该与材料特征相对应。如受力构件要求坚固、性能稳定，而填充材料则要求轻质、隔声。同时，砖、木等各种材料特性迥异，也对应了不同的技术工艺。赖特曾说："我懂得把砖看成砖，木看成为木……每种材料都应有不同的处理以及适合其性能的使用可能性。"[1]他在选用材料时注重发挥其天然本性、注重表现材料的颜色质感，他追求材料合理的力学特征，善于挖掘地方性材料的独特表现品质，因而其作品被称为"有机的"、"从大地中生长出来的"。

（1）对材料本性的揭示：材料的本性（Nature）必然涉及如何界定一物区别与他物的特质，并且需要经过具体的运用方能呈现出来、被人感知得到。任何材料都有基本属性和次要属性，前者是指某种恒定的、长久的属性，包括：硬度、密度、相对密度、热工性能等，这是由其内在的分子结构决定的；后者由于加工不同、获取方式不同而导致了一定的差异，会直接影响到它们的表面效果，比如木材的采伐时间、混凝土的浇筑工艺等都可以使材料产生较大差异。结构工程师认为材料的本性是以基本属性为主，用科学的方法、试验获得的材料呈现才是本性的表现；建筑师和室内设计师则认为，从人的感知来说，次要属性更为重要、更为根本，因为它直接进入到了人的感知范围以内，所以认为材料的次要属性更有意义。

从维特鲁威、阿尔伯蒂开始，就认为材料的本性需要参照人工来揭示、根据具体的时间和地点来认知。归根结底，任何材料都是经过人工处理的结果：无论石材、木材的获取与加工方式，还是土砖成型的砌筑方式，对材料本性的揭示其中一定含有"人工"的要素。古代材料技术偏重于手工，不可避免地使材料本性偏于"人力的产物"（outcome of human artifice）。在开凿石材的过程中，人力感到了其沉重、坚硬、耐久等本性；在砍伐木材的过程中，人力感到了其一个方向耐压、另一个方向抗弯的特性……在古代，认知来源于人力操作的经验积累，因此材料本性的某些方面并没有完全显现。

随着材料科学、物理、化学等学科的发展，人们对材料的认知经历了从人工经验观察到试验理性分析的阶段。1729年，里贝德在《工程师的科学》一书中综合了伽利略和马里奥特的研究基础，首次提出了由验算而不是经验来决定木梁的安全尺寸的理论，说明了科学发展使人们对材料本性的认知更进一步。[79]

人们通过各种试验来验证材料的本性，并认为材料的本性需要靠科学试验来揭示，借助于科学试验，在建筑领域开始了材料本性与其形式的研究。

材料的形式应该与它独特的本性相一致，比如力学性能、硬度、密度、弹性等。借助于材料科学发展的成果才能挖掘或得以确定材料的内在特征——即本性。就建筑领域来说，由材料的本性决定其适合的构件形式，以及这种形式的连接组合方式，这是对材料本性认识上的突破，这对建筑技术的进步有着重大的意义。同时，对从技术角度出发的创作观念也产生了影响。基于运用材料的观念，建筑理论家克劳德·佩罗在《论自然》这部著作中，指出了建筑具有两种美：依靠物质材料、施工工艺技术的"实在美"和注重形制、比例、体形的"任意美"。前者取决于客观实在，后者取决于人们的习惯。[75]

（2）对材料本性的表现：建筑理论家肯尼思·弗兰姆普敦曾指出："建筑的根本在于建造，在于利用材料将之构筑成整体的过程和方法。"建造是由特定的时间和地点决定的，材料在特定的时间、地点以及在特定的建筑部位的应用过程，方能显现其本性，这说明了材料的本性在"过程"中显现。

"墙体材料作为私密性的象征，仿佛监护人一样沉默而坚定；壁炉的砖头作为温暖的象征，好像要生出皮毛一样呵护居住者；地板的木头也应该会呼吸，最好能喃喃细语。"[80]瑞士建筑师卒姆托认为，是材料"物"性的体现，常常被赋予人的意识，经常被刻意地强调出来。他在瓦尔斯温泉浴场的设计中，通过对当地石材本身质地的仔细研究，真实地表现了石材的本性特点，表达了其特殊的材料观念。整个建筑总共用了6万块当地的瓦尔斯石英岩，岩石被紧紧地"挤"在一起，纤细的接缝被缩小到极致。而这种做法，使建筑整体上仿佛是一整块"巨石"，将建筑的体积感、雕塑感表现得淋漓尽致。卒姆托重新开发了瓦尔斯石材切片工艺，把石材制成很薄的切片，并且每一块石材都经过绘制和测量，从地面到墙面、墙面到顶棚的转换都是采用相同的"层叠"原则，最终，每一片石材都恰如其分地出现在它应当出现的地方。石材在光线下闪烁着光芒，所有这些都让人体验着幽暗与静谧，神圣与震撼（图5-3）。

卒姆托对木材的真实表现的态度，几乎将其还原到原始状态。在汉诺威世博会瑞士馆中，他放弃了木材的榫卯连接，采用了木材厂的"堆放"方式，长木条在经纬方向上进行搭接，而采用了金属拉杆对木材进行施压，并用钢拉索与弹簧固定，使木材获得了最大限度的展示自由（图5-4）。单一的材料以材料自身的尺度加以覆盖，没有分割的线条、只有材料间的自身线条，没有构成、突出凹进等韵律变化，更加单纯地沉浸在一种对质地的表现之中。在这个建筑中，卒姆托调动了材料所有的品质——气味、颜色、声学品质等来营造一种特殊的场所。

这是一种不追赶国际潮流的地方材料的建构性，创作钟情于地区出产的材料，烧制砖、木材或是石材，运用简约的构造和精确的工艺节点技术，创作出材质本身演绎的静谧效果；材料与空间的关系直接、去除装饰，这是一种对文脉传统的特殊注重；材料的自然本性一旦充分表达，常常会唤起一种心灵的情感反应、一种怀旧的情结，成为运用材质技术而获得归属感的例证。

图5-3　瓦尔斯温泉浴场[81]　　　　　图5-4　汉诺威世博会瑞士馆[82]

当代创作过程中，用技术来表现材料的本性已经越来越受到重视。材料本性的真实表现不但体现在视觉范围内，如质地、肌理、颜色等属性，还包含对材料的触觉、气味等方面的细腻的表达：石材与木材自然的气味是不同的，触感也是迥异的，对待声音的敏感程度也有很大差异，这些都是材料真实表现中更深层次的细节，正是对待材料的这种观察、研究、探索的观念，才把材料的自然本性表现得淋漓尽致。使建筑创作更进入一种体验式的、氛围式的领域，使得创作的技术细节向更纵深的方向发展。

5.1.1.2　强调加工过程的真实性

任何材料在建筑中的使用，都是经过加工后的结果。注重材料加工过程的特点并挖掘表现出来，是材料真实表现的另一个倾向。这在路易斯·康的作品中得以充分体现。康使材料看上去大多沉默静谧，令观者心灵震撼。他沿袭并发挥了粗野主义的手法，毫不掩饰手工砖的略不规整、石材的纹理孔隙、木材的结疤纹路。正如康所说："我相信建筑与一切其他艺术一样，艺术家本能地要把作品制作记痕保留下来……我既不虚饰一个节点，也不虚饰一种材料。我使它们与建筑物整体紧紧地联系在一起。"

康一直执著地追求对混凝土建造真实性的表现，在实践中创造了许多独特的材料运用手段。清水混凝土的脱模质量是一个难题，难免有水渍或脱落不均的问题。现场一般用砂纸打磨或砂浆补救。康认为这有悖于建造的真实，他因此采用了大面积的胶合板模板，并特意设计了接缝处的"V"形接口，因为浇筑难免有少量的溢出。用于固定模板的孔洞也预先经过设计并予以保留，脱模后用铅封住，并从表面退后。这些过程细节被其完全地保留下来，体现了过程的材料真实性（图5-5）。

图5-5　保留模板混凝土的真实性[21]

安藤忠雄将混凝土用于材质表现的时候，更多的是体现人的过程参与因素。在创作小筱邸住宅时，他在混凝土中掺入了一种带蓝点的砂子，从而增加了这种材料的"无重量感"（图5-6）。模板由专业的木匠用传统的工艺制作，并保留模板接缝和锚固的螺栓孔，仿佛让人看到了制作的一幕。与路易斯·康不同的是，康的混凝土看上去有重量感、厚实，而且结构一目了然，而安藤的混凝土则追求薄、轻，以体验为主，正如他自己解释的那样"材料进一步变得抽象，近乎消亡，接近空间的极限，真实感已经消失，只有围合的感觉给人以真实。"[84]

真实性源于材料的成型过程。比如，要做到混凝土形态与其"自然性"相一致是非常困难的，因为作为一种浇筑材料，它的外表极大地反映了模板的形态，而非搅拌器中流出的模样。水泥、砂子、骨料和添加剂的种类和配合比可以产生很大的表现差异。混凝土中隐藏的钢筋其本身是各向同性的，但是却经常由主配筋的轴向不同而产生定向的纹理。正如赖特评价其作品橡树教堂一样，"外墙的混凝土犹如石块一样宏伟，但是，它更大的特点是由模板决定的而非混凝土本身。"[85]

许多材料本身并不具有天生的"显现"特性，需要在制作加工时人为地使它本来具有的原始美、自然美呈现出来。同样的石材，有的成为光泽可鉴的镜面，有的石材则粗糙、野性十足。约恩·伍重注重保留石材加工时的切割痕迹，在西班牙马卡略岛的 Can Lis 住宅创作中，他刻意保留了圆锯在石材加工时的切痕，使这些石材具有了自己独特的纹理（图5-7）。透过涡旋般的圈痕，让人联想起树木的生长年轮，让人联想到了在时间的作用下，坚硬的石材也有了"柔软"的一面。这也是本尼迪克特主张的"真实性的直接美学体验——现实主义"的体现。[86]

图5-6 追求"薄纸"感的混凝土[83]　　　　图5-7 马卡略岛的 Can Lis 住宅[30]

材料表现中保留材料的加工过程，似乎使材料变得立体丰满起来，同时也增加了许多材料成型过程中的细节，携带了比材料本身更多的信息，不但丰富了真实性的内涵，也容易激发联想。这种对待材料的思考方式，可以更好地表达建造的文化内涵，从而极大地丰富了材料的表达语言。

5.1.1.3　拓展与工艺结合的真实性

（1）图像化的工艺：图像一直是作为材料的反面出现的，材料表现求真的内涵也正是出于对图像的抗拒而引申展开的。但是，图像从未离开过建筑，而在当今的图像时代中，抵抗反而会导致更高程度的同化——超越。

图像化工艺是一种全新的材料工艺，利用点网印刷术的方法，将混凝土阻凝剂印在模板上，当浇筑好的混凝土拆模后，用水冲洗表面，与阻凝剂相接触的混凝土由于仍保持液态，最先被冲洗掉。于是深色粗糙的骨料部分就剩下来，虽然设施以颜料，但其效果就像在混凝土上进行纹身。这里，混凝土真实性的表达变得更加"模糊"：混凝土原有的"真实性"消失了，呈现给我们的图像甚至无法确定其材料；但是清晰的图像正是对混凝土骨料、水泥的不同程度的剥离才形成的，那粗细不均的骨料还分明是混凝土的真实显现。通过加入缓凝剂的丝网腐印，材料本身没有改变，只是其材料表面的结构排列发生了改变，进而形成一种"图案形式"的效果，这种看似把材料图像化的效果，其实是一种对原有的真实性限定的超越，更加拓展了真实性表现的内涵。

赫尔佐格与德梅隆在德国埃伯斯沃德理工学院图书馆的设计中，运用了这种新的材料工艺。他们在预制混凝土板和玻璃窗板上，蚀印几种图像单元，通过阵列处理，获得材料从未有过的效果（图5-8）。通过混凝土与玻璃表面的图像化处理，混凝土因为图像不再沉重，玻璃因为图像不再轻盈。这种层叠就个体材料而言，改变了其表面的部分视觉属性；就材料的组合而言，则通过图像消除了"沉重"与"轻盈"的对立，融入了一种整体性的表现状态。层叠性赋予了材料另外一种不同于其本身的"言说"属性，获得了另一种不同于以往的表现，以新的面貌出现在建筑的语言之中。由图像和像素点自身产生的韵律，使具象与抽象、表皮与厚度、真实与幻觉之间形成一种张力，强化了材料之间的模糊性，缩小了混凝土与玻璃之间的差别。用这种印有连续图像的"墙纸"手法，将混凝土和玻璃两种原本不可绘画的、不相干的材料转化成一种更深刻、更传统的单一肌理，而使窗的作用被削弱。

另一个例子是瑞科拉的欧洲厂房，建筑采用的聚碳酸酯板材具有一定的透光度，但是这种半透光线的表面被加工拓印后，增加了另一种完全不同的效果：艺术家波罗斯菲尔拍摄的树叶图案成为一种主要的视觉信息而掩盖了板材的界面。这种重复的手段，弱化了作为单一图案的表现性，而组合起来整体上获得了一种新的肌理和质感，变得抽象起来（图5-9）。

图5-8　埃伯斯沃德图书馆立面[73]

图5-9　瑞科拉的欧洲厂房[87]

当代材料的真实性表现，已经超越把清水砖裸露出来或者体现一个石材的砌筑转角等的范围，建筑师们对材料真实性的理解更加融入了制作工艺的元素。具有代表性的是瑞士建筑师赫尔佐格和德梅隆，长期的建造实践使他们对材料的本性有着深刻的理解，在他们大量而丰富的作品中，既体现了对当代材料技术的前沿探索，也蕴涵着材料技术深厚的历史向度。他们认为材料物体单独的客观存在，并不能使其有真实的生命，只有当它们以一种特殊方式存在于自然或人工文脉中，才能成为我们所感知的物体，设计的最高境界就是获得"物"的本体状态，即"物"的精神品质。

　　建筑表面应与其内部所发生的事情相关联，因为它既意味着材料表皮与结构的结合，又意味着两者之间的分离或者被故意打断。而最理想的状态就是将这种关联的可见性降至最低程度，使各个部分变得不言自明。当代许多建筑师都很注重表皮，在对待材料的创作态度上有着相近的观念。他们尝试各种材料如砖、混凝土、石头、木材、金属和玻璃，甚至文字、图像、颜色和气味都被扩展到建筑设计的领域。他们对待材料一视同仁，从不认为一种材料比另一种强。不管用什么材料，他们都在积极探寻使建筑和材料间产生特殊关系的建构方法。

　　（2）高精度的工艺：当代高精度的加工工艺彻底地改变了材料的固有属性：石材变得可以透明。过去，几乎没有人质疑石材的不透明性，然而当石材被适当的工艺切割得足够薄的时候，光线便会隐隐地投射出来，而在光线的透射中，石材的纹理更加清晰可见。

　　耶鲁大学贝克图书馆的外立面中，建筑师戈登邦沙夫特运用了维芒特大理石，切割出不足3cm的厚度，呈现出半透明的光学属性，光线若隐若现的表皮为这个建筑增色不少（图5-10）。同样，还有隈研吾的石头博物馆，白色的卡拉拉大理石被加工成6mm厚的石片，使我们对物的了解达到了前所未有的细致程度：大理石不但可以透明，还可以媲美于磨砂玻璃的效果。同样的卡拉拉大理石，在古代还只能作为雕塑材料的首选或被切割为厚重的块材，只有在当代精细的加工工艺下，才展现了这种材料不被人所知的另一面，正如米开朗琪罗所说的，艺术在于对材料的"唤醒"。

　　此外，透明混凝土也被研制出来。Litacon公司开发了一种由传统混凝土和光学玻璃纤维合成的半透明的坚固的混凝土，可以使建筑呈现出一种朦胧性和模糊性的效果（图5-11）。Innovation Lab与丹麦一家混凝土制造商合作研制了一种透明混凝土，不但可以使光线透明，还嵌入了光纤管线，承担了传递信息图像的功能，影像的光纤信息通过光纤从播放设备传递到混凝土表面上。而伦敦皇家艺术学院Chris Glaister开发的"慢性混凝土彩色印刷"（Chronos Chromos Mehin）也是一种能够显示文字、图案的混凝土（图5-12）。

图5-10　透光的石材[75]

图5-11　透明的混凝土[88]

图 5-12　显示文字的"电子混凝土"[88]

材料在限定建筑的同时又被建筑所显现,两者相得益彰。材料的本性被进一步拓展了。建筑也就获得了更大的表现自由。真实性虽然被当做一种"固定"的东西,但是由于对材料工艺的运用与挖掘更进一步,通过建造过程的展现、材料加工的展现,材料的真实性进一步被揭示出来。这种高精度的加工工艺,拓展了我们对材料的认识观念,启发了创作更加地关注对材料本身属性的挖掘。

5.1.2　构造表现求真

构造节点的本质含义就是"结",意味着结合,任何建筑都不可能由单块的材料雕琢而成,因而存在各种不同材料、或者同一材料不同单块之间的连接组合问题。如果建筑师的设计仅仅停留在"房子"的阶段,那构造的意义也就停留在功能需要的层次上了。但是如果建筑师希望他的设计更加富有内涵,更经得起时间的考验,那么对于构造细部就需要给予更多的关注。

自现代主义以来的标准化构造,刻意抹去了建筑建造的过程,而统一化的工厂预制安装似乎与建筑师也越来越远;后现代主义注重构造的图案装饰效果,难免有逻辑屈从于形式之嫌疑;高技派与解构主义注重构造的夸张效果,是产生视觉吸力的需要而非构造本身的需要。"过"与"不及"都需要在建筑本体的技术观照下,辨析构造的求真表现。

不同的材料有着不同的拼接方法,对于材料特性使用来说,有些方法可能是最佳方案,有些方法可能不符合材料特性。问题是即使是符合材料特性的构造方法也仍然有多项选择的问题。进而,选择不同的材料,会产生完全不同的视觉效果。即使只使用一种材料,假以不同的构造处理方式,也会有很大的差别。当然,对比材料的选择构造做法是次一层级的问题,但是就目前的情况来说,材料技术的发展已经能够满足建筑师的要求。相对于材料的种类,构造做法的种类要复杂得多,因此,也需要从多个层面来辨析构造的求真表现。

5.1.2.1　覆层构造的连接真实

任何建筑的覆层材料都是由不同尺度的材料单元排列连接而成的。覆层构造是表面材料之间的连接组合形式,重点是解决好附着层与结构层之间的关系问题。材料连接工艺水平的高低,是保证建筑表皮整体性效果的前提。

悉尼歌剧院形体优美,我们更赞叹那细腻光洁的表面。歌剧院的屋顶由于采用了"编织构造",因而对环境天光变化保持了高度的敏感性。表面覆层采用了产于瑞典赫加奈斯地区的面砖,由质感不同、颜色微差的光面砖与釉面砖组合附着而成,具有良好的反射和折射效果。菱形的面砖结合壳体的结构,犹如渔网般附着在壳体表面(图 5-13)。整体来看,材料本身似乎消失于整体之中,但是透过光线的演绎,又将其材料特性表现出来,由于材料单元本身对于光线的细腻而敏感反应,在晴天、阴天或夕阳的辉映下,屋面整体呈现出完全不同的变化景象(图 5-14)。为了保证效果,面砖与预制混凝土壳体屋盖之间必须成为一个整体,施工中的做法是先把面砖与壳体屋盖整浇在一起,然后再将屋盖与肋架固定在一起,进而吊装,总数超过 100 万块的赫加奈斯面砖就这样各就各位了。

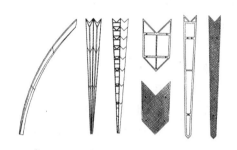

图 5-13　悉尼歌剧院的表面覆材构造[54]

图 5-14　材料与屋面板的连接构造[21]

正如海德格尔在"论艺术作品的起源"(On the Origin of the Work of Art)一文中指出的,"……材料越是优良和适用,它就越无可抵抗地消失在器具的器具存在中……钢制成刀具,钢消失了,刀具诞生了……"。歌剧院的编织构造形成了与曲面屋面契合的肌理,作为材料个体来说,这种个体的真实掩藏在尺度巨大而整体的屋面之中,但是在天光环境发生变化时,面层材料敏感细腻的真实也就随之呈现出来。这个构造真实地表现了形体和材料之间的依附关系,一方面建筑师要确定使用的材料,并要十分了解这种材料的本质特性和表现特性,这是构造表现求真的材料基础;另一方面要清楚地知道在结构形式变化时,需要何种材料以及形式与之适应,这是构造表现求真的结构基础。

5.1.2.2　传力构造的交接真实

结构构件间的交接往往是构造表现的重点。包括不同材料的柱、梁、楼板、屋面等的交接等。构造逻辑清晰是指应该从外表可以判断出是以何种材料、结构形式建造起来的以及力线的大致传递途径。当代构造既要考虑力学合理性,也要考虑视觉方面的形态真实性。而构造提供的信息应该是基本真实的,这应该是构造真实性所具有的最基本特征。

如果说构造逻辑清晰涉及充分利用材料物理特性的话,那么强化视觉体验则是充分运用材质视觉特征的问题。传统的建筑学观点认为,大多数的构造节点一般都包含着形式和技术两个方面,而最终的设计结果可以说是在"强调"与"掩盖"的天平上找到了一个平衡点。而当今的许多技术观念则希望把构造能够真实地表现出来。比如,努维尔设计的巴黎卡地亚基金会,充分地显示了构造的真实性。该构造的断面犹如被横刀切开,我们看到了内部的型钢与连接件之间的关系,是一个"放大"的展示,这个图案的形式完全来自结构和自身组成的需要,而不需要多余的装饰(图 5-15)。由拉尔夫·厄斯金设计的瑞典斯德哥尔摩大学餐厅的金属连接构件,体现了两种真实的构造交接逻辑:一是合理的荷载传力体系的力学逻辑，二是材料自身的构造逻辑。在木制横梁与金属立柱的交接中，构件的承托面变大，化解上面的荷载，是力学计算的结果；木材规矩断面被渐变的夹片固定，既节省不必要的材料，同时形态也取得了变化。木制的纹理清晰自然，金属则被简化饰以涂料。在冲突与和谐中，构造的力学性质得到充分的表达，交接的逻辑美感得以真实显现（图5-16）。

图5-15　巴黎卡地亚基金会[21]　　　　　图5-16　斯德哥尔摩大学[21]

5.1.2.3　装饰构造的强化真实

对建筑中细部的进一步美化，则形成了装饰构造。毕竟建筑不是机器，对建筑细部的美化和表现，也是构造表现需要处理的重点，是体现构造真实性的一个方面。意大利建筑师卡罗·斯卡帕认为，建筑全部的意义都孕育在细部之中，建筑是由节点连接的各部分的集合，节点表现出的是建筑各要素之间是如何相互排斥和吸引的，整体与细部的和谐一致关系是建筑美的主要源泉。

表皮装饰构造，位于巴塞尔铁路调车场的沃尔夫信号楼（Singal Box of Wolf）是赫尔佐格与德梅隆极少主义建筑代表作之一，这种经过精心处理的表皮构造，只用了一种简单的材料——铜条。沃尔夫信号楼被装进一个有20cm宽的横向编织而成的巨大外套中，在混凝土开洞开窗处，铜条开始微妙地弯曲卷起，在墙体饰面转换成水平百叶，这种材料渐变的延展性或许只有金属才可以做到。这样不仅可以采光，还有光效应艺术。其"法拉第屏罩"效应出于功能考虑隔绝了外界的信号干扰，作为一个精彩的构造则完全是裹在主楼外面的一张皮，完全不同于以往建筑内部的构造形式，极具工艺的表现性（图5-17）。

角部的装饰构造，卡罗·斯卡帕在位于意大利的 Gipsoteca Canoviana 设计中，将墙与屋顶的交角用装饰化的节点消解了，由于采用了透明的玻璃角窗，而重新定义了墙与楼板的交接关系（图5-18）。在卡诺瓦石膏雕像展厅中，这种装饰构造进一步发展，其精致的细节使角部消失。从另一个角度说，由于角部得到了艺术化的修饰，墙角没有消失反而得到了加强。对于角部的一个特殊处理，这种构造做法本身就成为了一个重要的装饰要素。使得内部围护界面发生改变。构造对细部的装饰，关乎于两个层面的连接，一是要符合建筑的整体表现，构造在空间中的适度表现，而不能为了表现而构造；二是要符合整体的结构传力体系，才能形成真实有效的构造逻辑。

图5-17　巴塞尔车站沃尔夫信号楼[30]

图5-18　卡诺瓦石雕展馆[21]

5.1.3　结构表现求真

在许多情况下，建筑所选的结构形式对最后建筑的造型、体量、空间可以说具有决定性的意义，而这些又恰恰是建筑师所关心的内容。当代，结构负载的功能性再次受到关注，建筑师们认识到建筑的结构本身就是一个客观存在，普遍希望以一种真实的方式展现结构，把结构纳入建筑的有机整体。

不同的结构体系，会影响建筑强度、刚度、耐久性和稳定性等因素，尤其在一些大跨度或特殊要求的建筑上，其结构体系及其美学上的要求成为整个建筑形式美的重要部分，有些甚至是合为一体，密不可分，即"建筑就是结构，结构就是建筑"，这在当代建筑中的表现尤为突出。

5.1.3.1　整体暴露

若干有关事物互相联系、互相制约而构成的一个整体，就是体系。结构体系即建筑的结构构件以一定的模式连接起来构成一个整体，整体内的各个部件相互联系和制约，它们通过这些联系和制约各自发挥自身的力学性能，承担荷载、抵抗外力。一般来说，建筑结构体系的类型包括：木结构体系、砖混结构体系、框架结构体系和大跨结构体系等。

建筑具有本质上的构筑性，所以它的表现力与它的结构具体形式是分不开的，技术体系求真表现在对新结构体系与建筑形象结合的探求中。结构技术的地域差别就直接反映在了建筑的形式上，比如中国的大屋檐和欧洲的穹顶。回顾一下历史，我们不难发现建筑每一次的发展与跨越都有其复杂的社会背景，其中十分重要的一点就是结构技术进步带动了建筑整体上的发展变化。结构体系运用各种构件的组合来展示技术之美，结构除了具备应有的力学功能之外还能从整体的角度进行形式改造和完善，同时也为建筑创作提供了一种无穷无尽的灵感和源泉。

结构体系在空间中的表现，构成了空间形态要素之一，完整而简洁的几何体系总可以引起人的美感。无论是建筑外观还是室内的界面，不断重复排列的结构线条能产生以条理性和连续性为特征的韵律美；拱结构作为传统的大跨结构形式，表现的是曲线之美；桁架结构的弦杆和腹杆按力学规律排列，表现出一种精心组织之美；悬索结构中呈现出了宽窄疏密变化，表现了渐变的形式节奏；大跨薄壳结构轻盈、飘浮，具有空间的曲线美……以上都是结构体系的真实表现。

诺曼·福斯特注重对建筑结构体系的运用与表现。在香港汇丰银行的创作中，他采用了悬挂结构，并且把结构暴露出来。这座180m高的钢结构建筑在结构上被划分为横向的3个区域和竖向的5个区域。5个竖向区域中的楼板都悬挂在类似于桥的结构上，这些"桥"横跨在两端的竖向桁架上。通过结构上和非结构上的平衡，这座优雅的建筑获得了一个没有中央核心筒的内部空间。虽然它的大跨度结构系统是非常规的，但是其外部结构与内部"盒子"的清晰关系使它比周围那些传统的高层建筑具有更清晰的结构系统，这是高科技时代下结构的真实体现（图5-19）。

雷诺产品配送中心采用的是"单元式"的结构体系，可以规模化地扩建。每个方形单元采用悬挂体系，外露的钢柱和斜向的拉杆清晰地表明了其结构力学逻辑。这里不单单是一个力学构件的展现，结构体系作为主要的视觉形象，已经整体呈现出来。福斯特在创作中遇到了结构上的问题——外墙重量如果通过悬索传给边柱，则边柱所受荷载变大；要么将边柱单独处理，这样有悖于单元式的结构体系；要么将所有的柱都按照边柱来考虑，那样会造成用材的浪费。最终，福斯特决定将围护墙嵌固在地上，使边柱免去了墙体重量的影响，这样可以将所有的结构单元做得一样，墙体后退使最外围的结构元素显露出来（图5-20）。如何展现结构的真实，福斯特显然认为一个结构体系要比一个构件截面重要，个体真实要服从于整体的真实，这种理性的控制最终产生了优秀的作品。

图5-19　香港汇丰银行[64]

图5-20　雷诺配送中心[64]

当代越来越多的结构体系作为主要的外观形象被真实地表现出来，作为可以展现出来的结构，对制造、加工、装配的要求非常之高，哪怕是一个锚固的螺栓，都十分真实地展现在人们面前。因此，构件也展现了加工制造的精确的科技美感。我们可以清楚地看到，结构技术的表现已经成为建筑技术与艺术结合的表现手段，在赋予结构艺术化的同时，也向我们展示了高科技时代的美学精神。

5.1.3.2 局部强化

常规的砌体结构体系是由梁板柱等具体的构件结合而成，钢结构体系则是由不同的力学构件连接形成。从建筑表现结构来看，创作中往往会根据需要，把某一结构构件强化地表现出来。从建筑的起源来看，结构形式基本等同于建筑形式，结构构件——屋顶、墙壁等都自然真实地显现。更进一步地讲，随着建筑自身的发展，开始出现了细节装饰以后，结构形式逐渐与装饰形式成为相互关联但又不同侧重的两个方面。

奈尔维认为在艺术效果和结构、施工的要求之间，存在着某种充分的、内在的契合。一幢建筑物如果不遵从最简洁和最有效的结构形式，或者在结构构件上不考虑建筑所用材料的各自特点，那么，要想得到良好的艺术效果就会困难重重。例如，柱头和柱础是柱身断面合乎结构逻辑的必要扩大，以便支撑额枋和把荷载更好地从柱子分散到下部石基上去，同样，檐口、窗头用于保护立面免受雨水侵蚀，同时也分化了荷载；额枋、拱等用于保持使洞口上方的荷载能够以连续性的力学方式向下传递等。事实上，古代大部分的建筑细部都是产生于结构上的需要，经过积淀、提炼从而形成了一种模式化的固定符号。因此，局部构件表现往往是整体结构表现的一个不可分割的部分。

荷兰建筑师库哈斯在鹿特丹艺术中心的设计中，采用了局部暴露其结构形式的手法，使这座体量平实的建筑具有了技术表现的细节精致之美。承重的"工"字钢梁、作为底板和顶板的槽形钢板，都在外面一览无余，真实展现了钢结构的承重体系。特别在建筑的入口处，设计者运用了三种工业中常见的柱子类型，表达出三个完全不同的形式：工字钢、中空肋形钢板和方形钢柱，突出了结构构件的"个体存在"（图5-21）。创作中，部分结构构件以工业型材的形式被强化出来，让人感受到建筑自然的、不经刻意修饰的细节。台北华亚科技大厦底部钢结构柱子被暴露在外面，柱子采用连续的"W"形排列，倾斜的角度和巨大的尺度成为了视觉的焦点在建筑中被凸显出来（图5-22）。柱子作为承重构件，同时也成了外观的建筑形式语言，结构构件在真实地表达自身的同时，也满足了建筑形式构图上的需要。

图5-21　鹿特丹艺术中心[89]

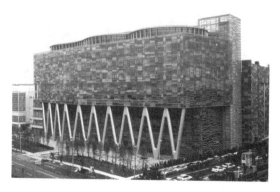

图5-22　台北华亚科技大厦[34]

结构构件是整体结构不可分割的一部分，将一个单独的局部进行强化处理并表现出来，是建筑师常用的创作手法，体现了局部要服从整体并完善最初的构思的创作技术观念。对结构构件的强化体现为不断地探索结构形式与建筑表现的契合度上。真实的结构，其自身就是一件完美的艺术品。密斯曾说："当清晰的结构得到精确的表现时，已就升华为艺术。"[90]

5.2 技术本质的至善倾向

至善倾向，是指在技术本质方面趋善，希望技术更加高效、节省、好用，善是技术发展的目标与结果。中国自古就有"器物善用"的说法，技术的至善主要是指技术功能完善好用。从材料、构造和结构三个层面来讲，分别体现为：更加合理地挖掘材料的使用功能、使构造节点更符合力学和建造的逻辑、使结构体系发挥出更好的效能。

当代建筑技术越来越重视多专业的合作，很多建筑的控制要素已经远远超过建筑师的掌控。建筑师需要协调强弱不同的声音，还需要同结构工程师、设备工程师共同确定技术方向，这是技术至善的保证。从奈尔维、富勒、奥托到阿鲁普再到卡拉特拉瓦等等杰出的结构大师，他们都在建筑史上留下了不朽的作品，其中空间艺术和技术的高度统一是其"不朽"的原因之一。而这个技艺高度结合的过程，不但充分表现了技术的真，而且背后还有技术本质的善。

5.2.1 材料使用至善

如前所述，材料有两个方面的侧重：具有表现性能的"材质"，主要从人的视觉感受方面来考察；具有结构性能的"材料"，主要从材料本身的理化指标方面来考察。前者重在视觉表现，体现了技术之于形式的把握；后者注重本质考察，更多的是材料自身的内在发展。这也构成了材料属性的两个方面：表皮属性和结构属性，或者说是用来"看"的材料和用来"搭建"的材料。

5.2.1.1 改善材料耐用性

材料性能是指其本身所固有的属性、面貌和发展的根本性质。材料的性能取决于它们的内部结构，比如：电子排列、晶体结构、晶体缺陷的类型和分布、显微组织等。同时，又随着各种外界因素如荷载、温度、电磁场、辐照等改变而变化。建筑材料是十分复杂的混合材料，经常需要反复试验来验证、改进其性能。

历史上，砖石、水泥的特点都是耐压不耐弯，适合砌筑垒叠；而木材则表现出一种"线的构成"的特征。这是很自然形成的一种建筑形式特征，因为木材本身就是线性的，垂直于木质纤维方向的受力性能要远优于沿木纹的方向。不同的材料本质产生了东西方建筑的巨大差异，西方以砖石为主，建筑形式显得敦实厚重，而东方主要使用木材，建筑表现出明显的"线性"特征，有"如翼斯飞"的轻盈。材料性能也具有一定的相对性，比如木材具有轻质的本质，可是仍有铁木等高密度、高硬度的特例存在；石材具有厚重的性格，可是也有"浮石"等很轻、很软的石材，比如古罗马开采的石灰华，需要在空气中经过 2~3 年才可以硬化。

建筑师路斯曾把建筑与服装进行比较，并提到了两者都有感官和实用的区别。服装有样式、质地等区别，同时也有保暖等功能，进一步还有是否耐脏耐久、易清洗等特点。这在建筑材料方面也有类似的性能要求。材料性能的至善，研究的是材料自身的结构性能，其中材料稳定性、时效性成为其是否"善用"的基础。材料和结构两者互相依存，虽然新材料的出现导致了新结构形式的诞生，而新的结构形式也使材料的性能和表现力得以充分发挥，但是这一切都需要经过时间的真正检验。

比如，自20世纪60年代起，世界上许多国家开始研究膜材料，最初使用的膜材料是涂覆聚氯乙烯（PVC）的聚酯织物，这种膜材料只有7~8年的寿命，在紫外线及风、雨的交互作用下，膜布会变得硬脆、破裂，而失去结构性能，只能用于临时性建筑。设计者们认识到，需要一种强度更高、耐久性更好、不燃、透光和能自洁的建筑织物，20世纪70年代美国制造商开发的玻璃纤维织物（PTFE）即满足了上述要求。并于1973年首次应用于美国加州拉维恩学院学生中心的屋顶上（图5-23）。经过了近30年的考验，材料还保持着70%~80%的强度，仍然透光并且没有褪色。

图5-23　拉维恩学院中心[91]

一种材料的耐用性是需要经过时间来验证的。拉维恩学院膜结构的使用经验证明，涂覆PTFE面层的玻璃纤维织物，不但有足够的强度承受张力，在使用功能上也具有很好的耐久性，完全可以在永久性建筑中使用。自此以后，这种材料的性能不断地改进，日趋完善。至今膜材已经有许多种类，从好看到好用，自此膜材在建筑中开始扮演着越来越重要的角色。

材料变得日益复杂，人工材料、集成材料的运用是建筑发展的趋势。新材料的综合性能是日趋合理、不断改进的，但是其应用本质还需在实践中不断地被检验。材料至善符合材料的改良概念，可以预测，一旦某种建筑材料的性能得到改善提升，建筑形式也将发生相应的变化。

图5-24　锈蚀的毕尔巴鄂古根
海姆美术馆[21]

5.2.1.2　重视材料实用性

材料表现出的纹理、质感等视觉形式，还需要经过时间的检验——因此，自然界那些能够抵抗风化腐蚀、抵抗污染磨损的黄金、岗岩等，成为昂贵的建筑用材。材料只有实用耐久，才可以保持其外观的艺术性，如盖里设计的毕尔巴鄂古根海姆美术馆，其钛金属薄板已经有了被侵蚀的痕迹，极大地影响其艺术效果（图5-24），如果从善用的角度看，其艺术价值已经大打折扣了。拉斐尔·莫尼欧认为："作为直接左右建筑效果的自变量之一，材料应贡献给建筑永恒的生命"[92]，历史建筑跨越历史得以保存的前提是材料性能的可靠保证。材料的耐老化问题是当今材料至善的一个重要的研究方向，目前许多材料的耐久性能得到改进。研究长期风化作用的考古学成果、化学应用的模型以及专门的建筑测试设备都用到材料的改进中来。像碳环氧树脂增强木、树脂灰浆、高性能混凝土和高分子化合物等材料都在不断发展。同时，在分子尺度研究的纳米技术使得材料可以根据各种特殊要求而量身定制。古老石材的性能可以发生变化，运用非致病性细菌改良后的石材耐久性大大提高，细菌可以同石材表面结合形成一种坚硬的自然保护膜，大大增加了石材表面的抗腐蚀性。

材料的实用性在建筑创作中体现了建筑师的观念，比如，赖特认为铜是自然界中唯一美观耐久的材料，因为不断氧化锈蚀的铜表面，会在时间中日益变化，出现斑驳的纹理。而这种锈蚀会以氧化物的形式对内部形成一层保护膜。因此，材质的肌理效果具有了一种"时间性"在里面，其表面不均匀的铜锈绿，具有斑驳的历史厚重感（图5-25），同时，对材料自身的保护，使得铜更加稳定、更加耐久。

基于这种实用的观念，当代，已经用化学方法生产出具有氧化物涂层的铜板，在建筑表现中具有很高的实用性。表面的氧化物根据不同的工艺，出现了多种多样的材质效果：或镀层光滑整洁、或锈蚀斑驳、或风蚀仿旧……材料的不同质地首先是出于功能实用需要，其次才是丰富的表面肌理效果。

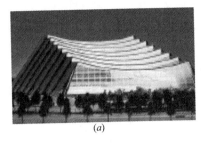

图5-25 牛津圣凯瑟琳学院[21]

5.2.1.3 拓展材料利用性

对比以往，木材应用体现了对待材料的"善用"，古代的木材加工，把圆木锯成矩形的梁，会损失很多的木料，损失的用料大概占1/3，而且这种利用木料的方式还不可能避免一些疖疤，成为结构的隐患。当代发展了木材的集成材料技术，各种板材如胶合板、质接板、纤维板和刨花板等各种材料，充分利用了树皮料、边角余料、锯方锯末等，真正做到了物尽其用。木集成材技术借助于连接构件、胶合技术，可以胜任更大空间尺度的挑战，许多体育馆、展厅都用木材来建造；新工艺改变了木材作为传统建筑中的台梁立柱的直线形式，木材可以弯曲，甚至可以弯曲为圆形，这是以往木材不能做到的（图5-26）。

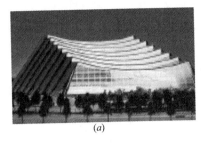

(a)   *(b)*

图5-26 长野奥林匹克竞技馆[93]

至善的技术重视建筑物理方面的问题，对隔热、隔声、腐蚀性、热惰性和耐久力都有着必须的要求。材料的魅力不仅仅在于视觉和触觉方面，还有冷暖的温度感受。在昼夜温差大的地区，石材是受欢迎的蓄热材料；而在北方，石材冰冷的表面常用悬挂织物或者用木材来饰面。此外，材料对室内的声学环境也会产生很大的影响，声学设计容易被忽视，但却对我们感觉空间氛围起到直接的作用。诺曼·福斯特设计的赛恩斯伯里视觉艺术中心，在这个超大的金属空间中，会获得完全不同的体验，声音会即刻消失在空气中，传统利用材料改善声场的技术在这里无能为力，以至于不得不使用电子设备产生的"白噪声"来改善声场。从这个角度说，没有做到材料的至善。

建筑师要对传统材料和新材料的性能加以应用拓展，为了有效地改善声学环境，在悉尼歌剧院专门制作了一种特殊的胶合板，解决了内外双重噪声的问题——顶棚既能够反射室内的声音，又要屏蔽来自海湾的噪声。胶合板以与金属粘在一起的方式生产，其表面覆以镀锌薄钢板，在材料强度增加的同时，又具有了很好的声学特性。在进行声音反射的同时，又利用自身特性产生了涟漪状的"声束"，体现了材料可挖掘的巨大潜力。

材料至善要求建筑师对材料的制造工艺和连接方法都要有所了解，从前，这些知识并不包括在建筑教育范畴之内，必须依靠材料专家们的经验。现在，建筑师作为团队的组织者，需要参与材料制造方法的改进和材料性能的开发。材料制造更加精细化、专门化，许多专业材料供应厂家，都建立了专门的研发机构，并有建筑师的参与。由建筑师主导的应用探索和厂家主导的研发试验都在不同程度上推动了材料自身性能的提高，这两种模式对材料的至善实践是一种促进。

5.2.2 构造逻辑至善

细节是确保高质量建筑的重中之重，显然没有细部连接就没有建筑。从概念设计提出到细部设计完善，不仅仅是建筑师与工程师的决定，某种程度上也需要材料供应商、生产厂家、配套专业等集体的智慧汇聚于同一个项目中来。通常认为细部设计阶段的技术含量是很高的，需要经验成熟的建筑师才能完成高质量的技术设计，构造细部设计往往被看做是整体构思的强化。

5.2.2.1 构造节点的力学逻辑

构造的力学逻辑自古有之，希腊的多立克柱式那微微外张的柱头，就是为了承接荷载，符合局部加强的力学逻辑；中国传统的斗栱屋架，在地震作用下产生内力的时候，可以发生位移和变形。讲求建筑形式的美中最基本的是符合力学逻辑的真实美感。赖特在约翰逊制蜡公司运用了钢丝网水泥蘑菇柱，从新定义了楼板、梁与柱三者的交接关系，也让人感到了局部加强的力学逻辑。密斯设计西柏林新国家美术馆时，让柱子与梁枋接头的地方完全按力学分析那样被精简到只有一个小圆球，可以说是一个极端的例子。随着科学技术的发展，材料科学的研究成果为建筑的实现提供了越来越多可供选择、性能更好的材料，同时必然要求更好、更高效的构造形式与之相适应。

卡拉特拉瓦在里昂机场铁路客运站设计中，将巨大的拱形结构与地面交接处形成了一个犹如"鸟嘴"般的混凝土构造（图5-27），完成了拱到柱的力流转换，做了精美的变形处理。它与拱相交接的一端，通过构件的

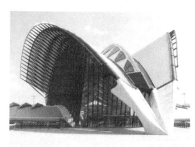

图5-27 构造体现了从拱到柱的力流转换[94]

变形使得此处成为一个铰接点，将轴向的压力传至下部，在其底端与地面相交的地方又以光滑的圆弧将其加大，因为此处有弯矩，同时在视觉上也使整个底座显得更加稳定。这个看似很具仿生特征的构造，来自于对结构的精密计算以及对材料力学性能的精准把握上，在视觉上这种混凝土的实体感觉也与上部钢材杆件和玻璃所形成的轻盈感觉之间形成了强烈的对比，更加突出了系统的稳定性。

在创作中的构造逻辑，必须结合具体的结构、材料和具体的交接方式，对于建筑中每一个有着独特位置和功能的构造，都会引起建筑师的关注并进行精心的设计。这些构造使得整个结构体系的逻辑更加清晰，连续性得到加强：在本质上，构造的每一处变化，都来自于该处力流的变化——如受压杆件两头小、中间大的变化截面、多个构件在转折处突然变大或者光滑过渡以及构件在端部的加宽或变窄等。在视觉上，也通过构件的方向、形变或者材质的不同对动态作出了有利的补充和完善——如构件的方向暗示着力流的方向、构件的大小变化暗示了力流的大小变化、材质的变化暗示了力流的大小变化或者力流性质的转化。

5.2.2.2　构造节点的安全逻辑

构造和节点的设计也必须允许料的形状和尺寸会随着温度和湿度的变化而变化，选择符合热胀冷缩规律的材料来设计构造节点，是至善的基本要求。同时，构造节点具有明确的功能，比如在建筑抗震中，构造技术就是很重要的解决问题的手段之一。

东京 Hermes 大厦，是一个运用构造技术很好地解决抗震难题的例子（图 5-28）。由于方案采用了一万多块大块玻璃砖砌筑，较大的自重和较高的建筑体量都不利于抗震。创作中采用了一种特殊的构造技术措施予以很好地解决：受到木塔抗震的启示，整体上采用了柔性结构，这样，地震时整个建筑可以像柳条一样地运动，因此需要特殊的构造来处理材料与结构的连接问题。钢架与玻璃砖之间留有缝隙，用来缓冲和吸收地震力，22mm 的接缝保证了该建筑物能承受地震时建筑出现的 4～5mm 的偏差，不致发生内力挤压破坏等。

对每块玻璃砖进行单独支撑，而以前钢框架支撑玻璃砖的建筑采用的都是成组支撑的方式，这种设计充分满足了日本对抗震设计的严格要求（图 5-29）。这种对单块玻璃砖进行支撑的框架形式对减震起到了很好的作用，它利用了砖与砖之间的接缝来缓冲和吸收地震力。由于采用干式施工法，这可以使钢架与玻璃砖之间的上下左右每个力向都保持了大约 4mm 的空间。这种柔性的处理可以适应地震中的晃动，这样累积到整幢建筑，总体上玻璃砖可上下左右移动 45cm（安全范围内），整个表皮就像活的有机体一样，因此皮亚诺形容它说："当地震发生时，这些玻璃砖会像一层有机的皮肤一样在动。"皮亚诺和他的合作伙伴把瑞士的钢框架技术、橡胶"八爪鱼"防水做法等技术都拿来应用，并且自己在施工工艺上也作了很多创新，Hermes 大厦巨大的玻璃砖墙就这样被建造起来了。

独特的构造节点设计，体现了建筑师解决复杂问题的技术能力。建筑创新使用的构造技术，满足了超大尺寸和超大面积的玻璃砖运用中严格的抗震耐火要求，这需要积累更多

图 5-28　Hermes 大厦的外观[95]

的技术经验来实现。

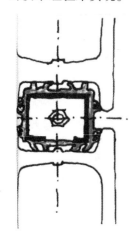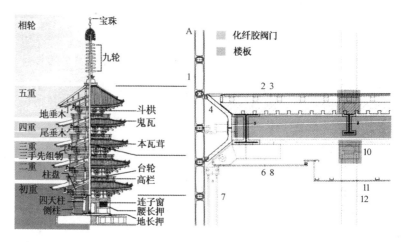

图5-29　Hermes大厦防震的构造[95]

5.2.3　结构效能至善

效能是指事物的效率、功效与作用。建筑结构是构成建筑物并为使用功能提供空间环境的支承体，承担着建筑物的重力、风力、撞击、振动等作用下所产生的各种荷载。同时又是影响建筑构造、建筑经济和建筑整体造型的基本因素。由于材料是结构系统存在的物质基础，材料科学的发展状况势必决定着整个结构系统赖以存在的物质基础。

5.2.3.1　合理优化的结构效能

结构效能首先要做到力学合理，既要表现结构系统的力学性能，又要使其在视觉上有助于说明这种结构的性能，两者结合是结构效能提升的前提，结构力学效能体现了建筑高层次的技术水准。

图5-30　仙台媒体中心[96]

结构逻辑的重点在于对结构力学的表达，其优劣的判断依据在于结构内力传递与建筑形式是否统一。高效能的结构体系还体现为，较少的结构能够承担较大的荷载。

在伊东丰雄设计的仙台媒体中心中，其结构体系经过多次的优化，最终取得了令人满意的结构形式（图5-30）。在构思阶段，伊东丰雄构思了一种类似于海藻状的垂直支撑结构体系，柱子为海藻般网状编织，且布局自由，整面的半透明表皮和极薄的楼板构成了轻盈的形象。结构师的反馈却反映了该结构的潜在缺陷。在日本这个多震国家，编织的网管柱且位置随意，极薄的楼板和大面积的半透明表皮确实给结构抗震带来了极大的挑战。在接续的探讨中，结构工程师建议了类似竹节的结构方案，将网状管柱优化为竹节状管状柱，它的结构优势明显：柱子的抗剪力性能、局部稳定性能和抗扭曲性能都得到加强。此后，经过计算和模拟验算，确定了最终方案——平滑的折线网状柱，这是建筑师与工程师默契配合、不断优化的结果（表5-1）。从开始的"海藻"到"竹子"，再到最后的自由渐变的曲线管状柱，方案经过多轮优化，最终实现了一个技术与建筑完美结合的方案，这也是该建筑同时被比喻为摇曳海藻与挺拔修竹的原因。

结构优化的构思草图[97]   表5-1

图示来源	图示内容	图示信息
建筑师伊东丰雄绘制	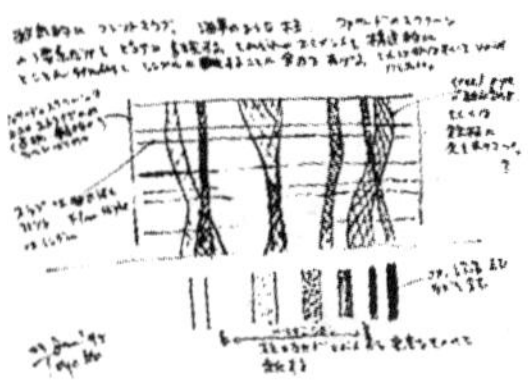	巨大的结构柱子如海藻般柔美
结构工程师佐佐木睦朗绘制	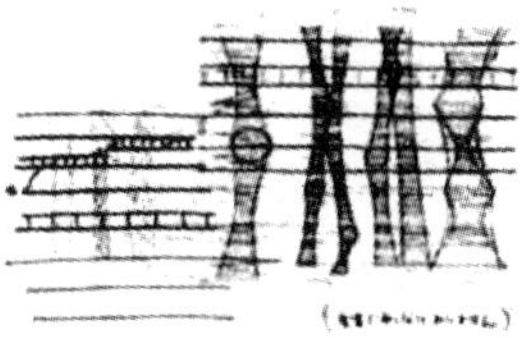	考虑横向刚度以及地震影响，柱子做成犹如竹节般的效果
合作确定方案共同绘制草图	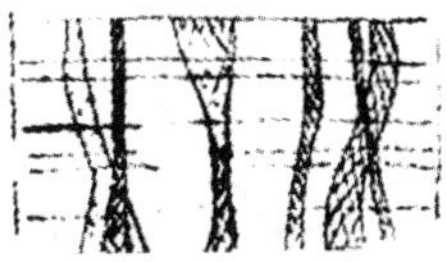	第一轮方案优化，大体上尊重伊东的最初方案
	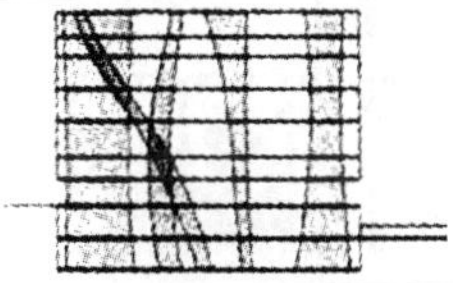	第二轮方案优化，结构提出控制柱子变截面的灵活性与自由度
		第三轮方案优化，由于抗震需要，自由布置的柱子，增加了竹节的效果
	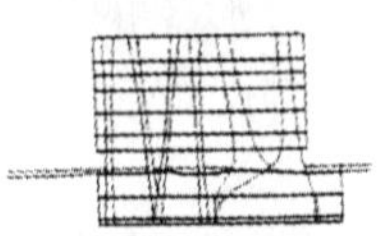	第四轮方案优化，在第三次讨论后，尝试了另一种更为灵活、自由的柱子格局
	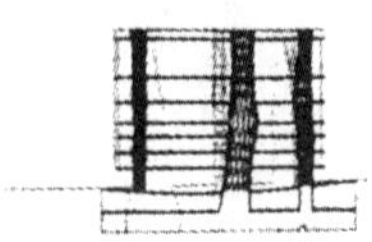	第五轮确定方案，由于抗震需要，自由布置的柱子，增加了竹节的效果

5.2.3.2 少占多让的空间效能

从古代埃及的神庙空间开始，建筑的发展一直伴随着空间解放的问题。随着结构技术的不断进步，现在的结构占空间的比例有越来越小的发展趋势，体现了结构高效率的空间围合效能。

选择适合的结构体系，并在满足力学的前提下减少构件自身尺度，可以让出更大的空间。同时，采用将一个大的构件分解为多个小型构件的方法，也可以让空间更为通透延伸，从而提高空间的效能。

福斯特设计的斯坦德机场候机楼的结构体系凸显了空间效能优先的关系（图5-31）。结构设计将跨度有效地减小，为空间功能提供了极大的便利。中央大厅的"树"形结构柱形成了 36m×36m 的网格，"树"的采用，有效地减小了结构的跨度——由 36m 减至 18m（图5-32），为机场的功能安排提供了更大的方便。屋面的单元是一扁拱壳体，自大厅地面升起 15m，屋顶的壳体和全玻璃的外墙提供了充足的室内自然光。所有的采暖、通风、照明和采光设备均设在钢"树"中，最大限度地让出了使用空间。

图 5-31　斯坦德机场的树状柱[64]

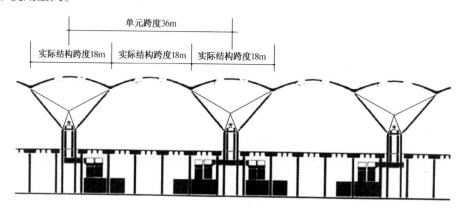

图 5-32　斯坦德机场树状柱结构断面[64]

结构设计在提高自身效能的同时，也提高了空间使用效能。结构自身的体量、尺度采用了小而分散、化整为零的办法，在丰富自身形象的同时，也让空间得到了更大的灵活性。使创作中对空间效能的追求，变得很有实际意义。

5.3　技术发展的趋美倾向

趋美倾向，是在发展层面的趋美，建立在真与善的层次之上，目的是追求精神愉悦和大众和谐，是技术发展的理想。这种美感的获得，不是个体的审美，也不是群体的意识，而是上升为技术与人类发展的和谐之美。

在建筑中，我们获得美感的途径总是同具体的形象感知分不开的。由技术上升到表现层面所获得的美感，有些并不能由建筑形式层面产生的美感所替代。同样，技术美也并不完全独立于建筑的形态美，相比之下，这种美来源于采用技术表现手段而获得的形式，而非来源于图案化、几何化等纯粹的构成形式。由于技术本身的多层次性与多向度性，创作中对技术美的运用也表现出不同的取向。技术趋美主要体现在三个方面：技术表达自身形式的抽象美、技术关联文化的内涵美、技术适应环境的和谐美。

5.3.1　凸显力学特征的抽象之美

抽象就是"提炼"，是从众多的事物中抽取出共同的、本质的特征。与以往的技术表现相比，技术抽象美追求一种对建筑的"言外之意"的表述，而非简单地追求技术表现主义激进的外观形式，注重与人思想精神的"交流"来弱化技术手法的排斥性，使人们在"想象"的过程中形成对技术美的情感化塑造。技术美与其他视觉艺术（如绘画、雕塑）相比，更多地依赖其形体与空间组合中的构成关系，依赖结构类型、材料、构造手段的艺术再现运用等，也就是说更依靠人们的抽象审美趣味。

抽象美在创作中注重对技术自身组成要素的表现，突出了实体的表现形式，并结合一定的形式美法则，使技术美上升为一种抽象美。这种技术要素的抽象化是一种艺术抽象，是一种结构形态学层面的表现方式。在抽象美的获得途径中，源于一种对"力"的理解。结构形态学认为，力的表现有三个方面的来源：力源于自然，自然界的一切动植物的形态都是对重力的抵抗而形成的自然状态；力源于运动，运动的方向和程度的强弱都是力作用的结果；力源于人体，人的一切活动都需要由力来驱使并体现了力的存在。

5.3.1.1　模仿自然的抽象之美

技术抽象美获得的一个主要途径是对模仿的自然原型进行抽象加工，并认为美源于自然，通过技术形态与自然形态中的动物、植物、山川等结合，达到一种隐喻的抽象之美，人赞叹技术的同时，也获得高层级的抽象审美享受。

（1）对植物的抽象模仿：当代树状结构就是一种经过模仿获得的抽象形式。这种新颖的结构形式，改变了传统的梁柱直线型的传力关系，通过对树木原型的抽象，结合力学逻辑，获得了抽象的美感。具有代表性的是近年来出现的树状结构，德国在树状结构的研究上起步较早，斯图加特机场候机大厅是该结构形式的代表之一（图5-33）。在斯图加特机场候机大厅的设计中，冯·格康将结构的个性表现发挥得淋漓尽致。机场大厅由12个树形的钢柱控制着，树形柱提供结构支撑的同时，为大厅提供了畅通无阻的空间。从结构概念上分析，这种树形柱已不是传统意义上的"柱"，而是一种有机的空间结构。因为"干"与"枝"之间的连接为铰接，意味着杆件只能传递轴力，这使得结构计算变得非常复杂，如果没有今天计算机技术的高度发展，这种结构体系的建造是相当困难的。虽然计算复杂，但这种形式对大跨结构的支撑非常高效，而且富有个性的表现力。

图5-33　斯图加特机场[98]

此外，还有卡拉特拉瓦设计的里斯本东方火车站，创造性地模仿了自然界中的植物枝干分叉的生长肌理，设计了两侧的支柱和顶棚的弧形支架，取得了结构表现艺术化的极佳效果（图5-34）。托马斯·赫尔佐格在2000年世博会上设计的树状景观亭，也以自然曲线的形式诠释了结构有机之美，已经超越了建筑梁柱体系的表现范围（图5-35）。

图5-34　里斯本东方火车站[99]

图5-35　2000年世博会上的景观亭[73]

源于模仿抽象的技术抽象美的作品表达中，有以下几个特点：作品的抽象美通过对自然界原型的解读模仿，体现了结构抽象性与再现原型的抽象性；抽象美通过结构体系中力的计算与相互作用，来确立结构自身的平衡状态；与数理几何相比，模仿美因为有其联想原型，因此在美学接受中被赋予了更多层面的意义。模仿抽象激发了受众的想象，模仿抽象不是照搬原型，而是经过创作加工，把原型的特点和建筑结构的特点有机地结合，并诗意地再现出来。

这种对自然中动植物美的模仿，认为"美"源于生命，创作中崇拜自然并模仿自然。将自然视为建筑创作的源泉，带有结构浪漫主义色彩，但在本质上却严格地遵照自然法则和力学逻辑。建筑结构上不拘泥于传统，崇尚新的表现。创作不但试图从自然中发现美的原则，还进行了大量有关生物生长性状的研究，从中寻找结构形态的仿生联系。

（2）对动物的抽象模仿：对动物的抽象模仿是从自然界中获取的灵感，因为动物的形态是最有机灵活的。建筑结构的骨架体系与动物的骨骼在某种程度上有相像之处。

巴伦西亚科学城采用的结构形式被看做是对动物骨架的模仿。单一的结构构件截面沿着长向布置，形成重复模式的单元，建筑长241m，宽104m。每个单元均由两个被切割的轮廓呈曲线的形体在其他构件的连接下组合而成。五个混凝土树状结构一字排开，支撑着屋顶和墙面的连接处，这些"树"同时容纳了竖向交通与服务管线。建筑的两个端头是对称的，由一系列三角形斜拉构件组成，同时也强调了建筑入口特征（图5-36）。

里昂机场铁路客运站抽象模仿了飞鸟的形态。从功能上这个项目分为两大部分，即中央部分的大厅及其两侧的站台。中央大厅部分由四条钢拱所控制，四周斜向的杆件加以围合，顶部悬挑而倾斜的一对屋顶形如飞翔的大鸟，成为整个项目的点睛之笔；两侧站台部分分别由一个巨大的拱顶所覆盖，下部斜向交织的梁柱形成丰富的建筑"骨架"（图5-37）。整个车站从整体到局部一气呵成，体现了精湛的技艺和超凡的想象力。

结构受到动物形态的启发，仿照其形态结构原理，充分发挥了节省材料、提高效能的特性，结构的抽象化效果进一步体现出来。

图 5-36　巴伦西亚科学城[100]　　　　　图 5-37　里昂机场铁路客运站[94]

5.3.1.2　再现动感的抽象之美

美术作品中有表现与再现之分，再现是一种融入了个人情感的创作。运用技术再现获得抽象美，是源于对既有的技术表现形式的美化、概念化，从原型中提炼以后，再通过创作过程予以个性化的再现。康定斯基认为艺术的高级形式——再现，主要就是抽象性，并曾说过："一切艺术的最后抽象表现是数学。"[101] 当代建筑创作十分注重通过结构表现建筑的"动感"之美，这也是抽象美的一种。这种倾向有两个方面的表现：一种是利用结构的变形、扭转、冲击等方式，形成体态感较强的动势；二是利用杆件重复形成韵律节奏，形成"律动"的感觉。

（1）抽象变形产生动势：结构抽象化的表现之一是对运动的诠释。当代结构技术的发展，使建筑形式突破了传统的静态稳定状态，建筑通过一系列旋转、倾斜、渐变、扭曲等手段来进行形体塑造，追求一种"不动之动"，这种变化有越来越被加强的趋势。当系统的静态平衡被打破，建筑就会被赋予运动的趋势，"结构即建筑"是这类建筑的设计宗旨，许多高层建筑采用打破静态的方式，都表达了力的非直线传递作用。

结构表现的观念认为，"美"源于运动，运动是自然界最普遍的存在方式，是美的根源。运动首先是一种普遍而深刻的趋势——重力作用下的下落趋势：地球上的任何物体都是通过与它的对抗来确立自己的存在形态的，所以形态之美也即运动之美。"美"源于力，运动的存在使物体产生了荷载的分布、传递与平衡的受力关系，所以任何受力结构的确定都与运动有关，因此产生了力与形式的概念。

加拿大 The Absolute Tower 大厦，体现了不规则的动感，笛卡尔的正交垂直完全被打破，层层渐变的体量仿佛是女人的裙摆，被人称作"梦露大厦"（图 5-38）。在设计中，连续的水平阳台环绕整栋建筑，传统高层建筑中用来强调高度的垂直线条被取消了，整个建筑在不同高度进行着不同角度的逆转，来对应不同高度的景观，最终整体上形成了螺旋般

图 5-38　加拿大 The Absolute
Tower 大厦[30]

的动感效果。迪拜拟建的一组超高层楼群更是以"簇群"的形式，成为动感摩天大楼的代表。每栋大楼在竖直的方向上形态简洁，自下而上逐渐收缩体量，最终以尖角结束。竖直方向上的凸出凹进，体现出摇曳向上的动感，体现了自由有机、自然生长的向上的"力"（图5-39）。

毫无疑问，在建筑中结构就是力的形式代言，表达动感于是就有了一个巧妙的切入点：运动爆发瞬间结构稳定与不稳定的精妙平衡。为此，创作中常将建筑的受力集中点结束在建筑结构范围外。这种状态下的结构体系，尽管仍是静止、稳定的，但呈现出的总是或飞、或倒的变化趋势，给人带来强烈的紧张感和心理暗示。建筑理论家楚尼斯将创作的这种审美状态称为"孕育时刻"，意味着变化即将发生。

（2）排列组合获得"律动"：运用结构要素的杆件、通过类似数列排列的变化，可以获得一种韵律感和节奏感，也表现了动态的抽象。此外，点、线、面是创作中经常运用的高度抽象的原型，锚固的点、长而纤细的拉杆和变幻的空间曲面都可以找到创作中被刻意抽象过的痕迹，突出体现了动感十足的抽象美。

抽象化还带给人特殊的空间体验，西班牙瓦伦蒂诺步行桥（图5-40）连接桥面与桥拱的杆件有节奏地排列着，使整个桥面上部形成一个透明的曲面体，让人们仿佛置身于一个巨大的幕帘之中；而桥面底部主梁两侧的次梁，也在桥面优美曲线的限定范围内有节奏地分布着，大大小小的钢梁组合在一起，成为了整体中有力的辅助部分。杆件之间的连接构件除了具备力学性能外，更多地加强了在艺术方面的感染力。每一组紧密排列的构件在形象上都加强了拱的整体感，而构件本身的大小变化仿佛也向人们展示了其自身所受力的大小变化。技术表现了精美的结构曲线、富有挑战性的构件形状，刻意追求构件的力学和构造作用，并注重情感的注入和抒发，使结构艺术化，最终走向结构与人文艺术融合，使结构科学成为建筑一种富于时代精神的美学表意手段，这些都是建筑结构美学价值的具体表现。

图5-39　迪拜拟建的楼群[30]

图5-40　瓦伦蒂诺步行桥[94]

源于杆件排列组合的技术抽象美的作品表达中，有以下几个显著的特征：作品的抽象美通过空间曲面以及数列这些几何手段的运用，体现了结构的分解、切割、倾斜、扭转与组合；抽象美通过结构体系中张力与重力的相互作用最终达到平衡状态来实现，即所谓的动态平衡；以空间曲面结构作为分解、切割、倾斜、扭转与组合的整体控制要素，在该层次中取得整体的张力平衡，数列的运用则体现在局部张力的加强或者作为整体张力的丰富。对几何语言进行高度抽象综合,灵活运用了三大几何学——欧氏几何、非欧几何、分形几何。正是由于数学、几何在建筑创作中的重要应用,技术才在表达层面显现出强势的抽象美,一种理性与科技的美,使建筑的美由过去的比例、对称质感等纯形式法则层面,进一步拓展为技术表现层面的抽象形式层面,使技术的抽象美在结构形式中表现得淋漓尽致。

当代建筑创作十分重视数学、几何学等抽象模式对建筑技术抽象美的作用。数学、几何学具有高度抽象的特点,注重量化、解析化。一系列量化出来的数字、公式等,往往对应着相应的空间和结构形式。几何逻辑性很强的建筑结构体系在认知层面上是很容易被人所感知和理解的。在结构表现中,抽象的数学、几何等是获得新形式的创作来源。

5.3.1.3 隐喻人体的抽象之美

结构表现抽象化的审美取向还有一个重要根源,即对人体的欣赏和赞美。建筑常被比作生命体,结构则幻化为骨骼,由骨骼的姿态表现力的传递和生命运动的美感。巴伦西亚科学艺术城天文馆隐喻了眼睛的生态机理,被喻为"科学的眼睛"。创作结合结构的抽象

和可动机制以及对建筑空间的影响,使得眼睛的意象让建筑"精神"之外更带有标志性(图5-41)。"眼睛"的拱形罩因为两端的支点可以使"眼皮"与"眼球"脱离开,在内部创造了纯净的空间,光和影的变化成为时间的大手笔。全息影院的布置方式也反映出眼球的生理机制,人们通过这样的眼睛去了解宇宙的奥秘。

瑞典马尔默市建成的旋转大厦,体现了"扭动的瞬间"的动态,该大厦由西班牙建筑师卡拉特拉瓦设计,高189m,共有9个区层,每区层有5层。通过渐变的旋

图5-41　巴伦西亚科学艺术城
天文馆[94]

转,使整栋大厦共旋转90°。设计这座大厦的灵感来自一件身体扭动的人体雕塑,是在卡拉特拉瓦研究了人体的扭转之后,获得的创作灵感,建筑犹如人体瞬间扭转的定格,体现了结构的人体动势,创造了全新的高层建筑形象,令人过目难忘(图5-42)。

(a)　　　　　　　　　　　(b)

图5-42　瑞典马尔默市旋转大厦[102]

(a)建成后效果;(b)隐喻人体的构思[102]

以往结构表现的抽象性在这里被艺术具象化了，结构不再默默无闻地处于幕后，而是经过艺术的手段，走向了前台，表现了建筑"自主性"的建构。伦佐·皮亚诺认为"建筑师的任务是给予结构以生命"，而结构的美化呈现可以理解为建筑的生命呈现。"……建筑形式可以而且必须跨越美术、建筑艺术、工程技术及哲学思维等不同领域。把艺术、科学和技术融为一体，尽管技术是其立足点，但它的独到之处在于它足以抒发最富想象力的诗意。"[103]

5.3.2　蕴涵技术文化的内涵之美

内涵一般是指较高级形式与它所赖以存在的较低级形式之间的关系，它是通过现象表现出来的。技术的内涵美是指通过一定的技术形式，表现出建筑与历史、文化和所处地域之间的关联，技术构件不再是计算数据所确定的枯燥形式，而是经过创作赋予技术的内涵，在表达上技术更结合了技术之外的东西，使技术美的层次获得提升。

技术关注对历史文化和建造过程的再现，体现了技术不单单是解决了结构荷载、材料连接等技术性的基本问题，还注重对相关内涵的表达，使人获得了一种对内涵体验的美感。诺曼·福斯特曾说："与关注技术相比，我更关心传统……实际上，也不可能将这两个主题加以分割，在许多设计的意念构思中，它们已经在设计处理手法中融为一体了。"传统语言与技术语言，可以通过多种途径表现出来，在近年的创作中，越来越多的建筑师力图使设计成为其时其地、因地因时的、最为合理的产物，技术则成为历史传统与现代创造相交织的有效载体。

在这种趋势的影响下，技术的内涵美更多的是以与文化结合的形象出现，推动着技术观念向更高层次发展。具体表现在技术创作中注重人文尺度、融合历史传统、体现地方文化等几个方面。其背景是建筑文化与技术美学的融合，文化成为建筑技术美学价值的内在品质。技术的文化倾向重新建立了人文和技术的关系，弥补了现代技术的非人性的一面，从而提升了建筑技术价值的内涵美。

5.3.2.1　注重结合地域的内涵美

建筑不仅要满足使用功能和视觉感受的需要，同时还是地域文化的载体。这里的地域价值包含了两方面的内容：从建筑使用者的角度来说，主要包含了因人种民族不同而造成的生活习惯、审美情趣等方面的不同；从建筑所处环境的角度来说，主要是指地域环境与文化、技术传承的结合。

从赖特、阿尔托到柯里亚、皮亚诺，他们都是扎根本土的注重环境气候、注重地域性表达的建筑大师。可以说，其独特的建筑风格中，有两方面的要素发挥了重要的作用：一是注重空间的文化形式与观念，二是注重对地方性技术的挖掘。前者产生了空间上的形式美，后者表达了技术的内涵美。

技术内涵美在结合地方环境方面，体现了技术与地方材料、工艺结合，注重地方的气候以及表现当地独有的"建筑气质"。现代化工业大生产技术的通用性和普适性恰恰是技术内涵美所反对的，常用的技术、自然本土的材料在适宜的场合中同样可以表现出适宜的技术内涵美。皮亚诺设计的休斯敦曼尼尔博物馆为了与环境的田园风光在尺度和质感上保持协调，统一采用了白和灰绿色的主色调。外墙表面是传统的柏木制成的百叶板。这座建筑最引人注目的地方是屋顶上的被称为"叶片"（leaf）的技术构件。"叶片"的优美组合，使建筑表现出鲜明的个性。同时创造出一种明朗、谦和的氛围（图5-43）。"叶片"并未采用常规的金属型材，而是由常见的钢筋混凝土预制浇铸制成，并被用作屋顶的通风装置，同时也被赋予了高效光控板的功能。皮亚诺认为"曼尼尔博物馆具有沉着（serenity）、平静（calm）和含蓄（understatement）的地方特点"，这不正是技术内涵美追求的目标么？正如他评价的那样："与蓬皮杜文化中心滑稽与模仿的外观相比，运用在曼尼尔博物馆的结构、材料以及气候控制系统上的技术则高级了许多。"

注重建筑的地域价值，使技术的内涵美变得更加生机勃勃，从而为当代运用技术表达文化提供了一个可借鉴的思路，尤其是地方材料、构造和结构技术千差万别，这正是创作灵感的源泉。

5.3.2.2 注重表达历史的内涵美

文化原型是人类文化的产物，多种多样的新技术的产生增加了对"人文原型"的模仿途径。在创作中运用技术手段表现出对历史的关注，体现了技术表现的内涵美。

技术本身就具有历史的影迹，又在不断的发展进化中形成了文化。比如现在我们把斗栱、柱头当做文化符号，其实当时它们的主要使命是对荷载的转移与传递，完全是技术构件。表达技术内涵美对历史的注重有三个方面的关联：外观实体形态层面、使用空间形态层面、细部节点形态层面。

实体的形态式样，如厦门高崎机场3号候机楼就是通过屋脊和屋面的曲线结构形式，隐喻了闽南民居轻扬的屋脊和屋面曲线。该结构的屋架梁采用人字形，并直接暴露结构。屋脊中段平直但在两端呈折线升起，屋面曲线也由折线连接而成，从剖面可以看出越近屋脊步架升高越大，形成屋面曲度。候机楼的结构形式对这种曲线进行了简化和抽象，使结构技术不再隐藏在建筑的表皮后面，通过暴露的技术表现，建筑成为隐喻历史的载体，成为当地具有闽南地域特色的标志性建筑（图5-44）。

图5-43　休斯敦曼尼尔博物馆[10]

图5-44　厦门高崎机场[47]

在技术的内涵美中，能引起历史回响、使人产生联想共鸣的技术表现形式，也是美感获得的重要途径。柏林国会大厦工程改造是传统与技术这两个主题良好结合的典范（图5-45），该建筑曾在二战时被毁，独特的历史记忆对于审美获得具有重要意义。在诺曼·福斯特主持的实施方案中，保留了原有建筑的外墙不变，而将室内全部掏空，以钢结构重做内部结构体系，赋予内部空间以全新的内容。诺曼·福斯特参照1884年保罗·洛特的设计，创造了一个在大厦造型中起控制性作用的玻璃穹顶。玻璃穹顶具有浓厚的文脉倾向，巨大的玻璃穹顶延续了罗马式的空间形象，是传统精神的现代科技形式再现。这个晶莹剔透的穹顶唤起了人们对原有国会大厦的回忆，为德国首都创造了一个新的城市标志。同时这也是一个技术含量极高的穹顶，运用了可以追踪日光轨迹的遮阳技术，表皮能够利用太阳能发电，采用了可控自然新风的技术等。

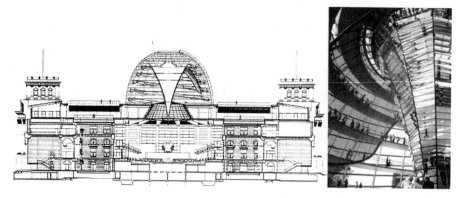

图5-45　柏林议会大厦[104]

我们在看待这个智能的、精密的、理性穹顶的同时，仿佛也看到了德国的科学技术与历史文化。技术内涵美的历史厚度，使得技术不再是冰冷、生硬的机械面孔，它在提升自身表现性的同时也表达了对历史的尊重。我们通过这个巨大穹顶，技术与历史已不再分离，技术的内涵美的意义变得深远。

在运用技术对空间形态的处理上，日本世纪大厦便是技术关照历史的创作理念的充分体现。1988年，诺曼·福斯特被邀在日本东京中心地带设计一幢高层办公楼——世纪大厦。设计中诺曼·福斯特将日本传统建筑的特点与现代技术相融合，使得日本古典建筑室内空间的一些特征被表现出来。在日本传统木构建筑室内空间中，梁、柱、椽子等经常暴露在外面，可以说它们是表现技术传统的重要手段；而一些小面积的轻质活动隔断将室内划分，使空间具有连续性和灵活性。

这些传统的空间关系被诺曼·福斯特巧妙地运用现代结构技术与材料再现，回应了建筑的历史空间，营造出令人熟悉、亲切的氛围。许多人在世纪大厦中很容易联想起日本神话中的鸟居，从这种角度上讲，世纪大厦可以被看做是运用现代的设计手段和技术对历史形式的成功再现。

5.3.2.3　崇尚人文关怀的内涵美

威廉·奥格本（William Agburn）在其著名的"文化滞差"理论中，论述了在同一社会的不同领域里，变化速度的不平衡是产生社会紧张的原因。在当今社会，技术所产生的各种不断竞争与紧迫感，都要求技术增加对人文的关注，来与社会的结构相平衡。人文思想得以复苏并且概念化，也是受着这种客观必然性支配的。

早期，运用技术表现体现人文关怀的是建筑大师密斯，他在柏林美术馆的设计中，以简练的技术语言体现了对传统的回归。在这座建筑中，最引人注目的就是由八根巨大的十字形钢柱所支撑起来的整体式网格型的屋面。通过这个承载于十字形支撑的空间结构，体现了运用技术手段对钢铁这种材料的古典纪念性表现的探索。

这座建筑中的十字形钢柱成为技术美的载体。其截面的形态由四根"T"形截面的钢构件焊接在一起所组成（图5-46）。这一形态既是对密斯以前两种钢柱形态的综合，也是一种对于古老世界中的古典秩序的隐喻。钢柱自下向上逐渐收束，通过铰接的方式与整体式的屋面连接在一起。在交接的部位密斯用了不锈钢的球节点，既体现了材料自身的力学约简极致，也展现了交接的内涵美感。这一特殊的形式能够使钢柱在结构理性主义的文脉中表达它固有的结构的特性。柱子收分，通过铰接与屋顶连接的办法带有某种对于古典建筑的暗示，但在这里小小的球形铰接点看起来更像是替代钢柱的一部分而不是钢柱顶部的柱头装饰。这种支撑模式在采用钢这种新型材料的基础上，重新阐释了西方古典建筑的建构传统。

当代，许多建筑师开始注重对传统人本主义精神的思考，在建筑师伦佐·皮亚诺的身上，可以看到其作品有许多手工艺的特点，他在创作的同时往往进行着大量的构件和材料的试用。"他身上有意大利人的特点，喜欢材料质感之类的东西，其建筑虽具有高技的形象，但也经常用瓷砖之类的材料，也会设计木桶一样的建筑，体现了工匠的思路"[105]。在他设计的东京爱马仕大厦中，体现了人文理念的三个显著方面：运用了传统的手工烧制的材料和传统的工匠技术；借鉴了木构建筑的防震抗震构造技术；大量运用了小尺度的材料技术和比例。爱马仕大厦是一幢气质独特的大厦（图5-47），整幢大楼全部由在意大利用传统的工艺烧制的玻璃砖砌成，保证了每一块砖具有不同的"气质"，出于抗震考虑，自重大的砖块之间用了特殊的连接构造，保证地震时不发生刚性内力和破坏。这种小尺度的材料技术与玻璃砖的结合，既是对日本本土传统小尺度的呼应，也体现了对人体自身尺度的在意。运用材料的纹理、质感、触感与人的体验呼应，体现了对人的接近与关怀，表达了独特的技术内涵美。

图5-46　柏林美术馆[1]

图5-47　东京爱马仕大厦[95]

技术美对人文的尊重，体现了技术与人类的共同发展的追求，从"在建筑中表演"改变到"为建筑而存在"。各民族在长期发展过程中所积累起来的文化历史和艺术财富具有高度的人文价值，因此建筑除了反映科技的时代精神外，也应彰显这个民族在文化上的历史连续性，表现出有苗壮生命力的、为广大民众所认同的、新时代的新文化。那么，在新时代的技术美建筑创作中，更多地汲取了这样一种技术人文主义的思想，力图成为传统历史文脉和现代高科技对话的枢纽，将历史传统的符号通过高技手法有机地融合到现代建筑中，引起人们对历史的联想，再现其历史属性。

建筑师在丰富自身技术手段的同时，更多地在设计中注重技术运用对人的关怀体现，进一步满足人们不同层次、不同类型的需要。技术运用由表面化的形式"类象"转向内部深层化的人文价值表达。也只有这样，才能真正体现建筑师设计工作的"知识附加值"。

5.3.3　注重永续发展的和谐之美

"建筑师的任务并不在于设想出最好的技术解答或者经济解答，而是将它们转化，转为最合乎人类需要的解答。因此，这不能简单地归纳为若干技术上的最优解答的总和，甚至也不能是各种技术的最优综合。技术上最优化仅指它本身的内部规律而言，与人类的定律无关，而建筑师在技术的介入上赋予它以人类的意义"。[106] 运用技术手段关注建筑自身与外界环境的和谐，是运用技术的发展目标。技术同生态环境和谐，把美的获得拓展为适合人类发展的生态伦理美，这是一种更高意义上的、超越的和谐美，是技术运用中审美的升华。和谐美实质上已经超出了技术美表现的形态范畴，但是，这种美却又实实在在地存在，不但与技术手段有着密切的关联，而且还在更高的层面上影响着技术的发展走向。

（1）技术与自然和谐：技术发展导致了人类环境危机，技术的工具理性重新受到审视。人为主体、自然万物为客体的主体哲学，割断了主客的必然联系。技术与自然和谐的理论支撑是生态美学，它是自胡塞尔现象学以来的人文美学思潮发展的结晶，归根结底还是体现了人类对自身的终极关怀。

生态美学思想促使人们对现代和后现代建筑美学观念进行反思，并清楚地意识到建筑对自然环境的巨大影响力，以及自然环境对人类社会可持续发展的重要性，人们的建筑美学观念也因此发生了改变。当代建筑也从强调功能、表现技术、突出形式和文化的狭隘的建筑美学思潮中走出，转向保护人类生存环境的广义人文主义建筑美学思想，既注重建筑与自然环境的和谐，又关注建筑与人的本质关系，最终归属是求得人类社会的可持续发展。

技术的和谐之美，还体现为建筑趋向于体现"非物质性"的一面，以减轻对自然的压力，融合于环境之中。例如，格里姆肖设计的康沃尔郡的艾登中心，菱形的网状结构与绿色的大地巧妙地结合在一起，从上面俯视，就好像自然的地面分隔。建筑嵌入高差很大的坡地，因地制宜，利用了掩土的生态效应，建筑极大地适应了自然的周边环境。它看似在静默中思考，实则却是对一种审美意境的皈依。因此说，这个地段中，采用轻薄膜技术、轻型曲面网架技术等技术是最和谐的，因而表现出技术的和谐美；技术减少对自然能源的依赖，间接地保护了自然的原始状态。

与自然和谐的另一个经典之作是皮亚诺设计的喀里多尼亚吉苞殿文化艺术中心。技术运用体现了建筑与自然气候、与自然景观、与自然风俗高度契合的和谐美。建筑位于南太平洋，炎热湿润、相对湿度大，技术处理上采用朴素的生态思想。建筑利用被动式通风使建筑内部产生良好的自然通风，从而减少了能源消耗。采用有空气层的双层屋顶系统，降低太阳辐射。注重技术表现但与当地美努阿人的历史结合，采用了传统的"棚屋"构造，空间序列也形成了"村落"感；注重与地理景观结合，采用当地的材料技术和提取当地的建筑形式，表达了技术与地域和谐的人类创造之美。

技术美的和谐建筑强调要以人类生态学的概念来实现人类的生存安置，将技术当做人类生存必不可少的环境因素而与社会、文化等诸因素同等看待。与自然和谐的技术有着极强的可适应性，无论是技术含量较低的乡土建筑或是高技术的、大量应用高性能新材料的新型建筑，都可以采用适合本地技术、经济以及风俗等条件的生态建筑。同时，建筑结构、形式、功能等将在新技术促进下，进一步改善，更适于恶劣环境和不利条件，以满足高密集型需求。我们知道早期以"高技派"著称的罗杰斯、福斯特等曾一度被评论家誉为技术表现和技术夸张的代表，伴随着后工业化和信息时代的来临，建筑师们重新认识并定位自己的创作原点，许多高技派建筑师纷纷转向注重"生态技术"和"地方性技术"的研究运用上，从最早的蓬皮杜艺术中心到现在的喀里加尼亚文化艺术中心、从香港汇丰银行到法兰克福商业银行……我们不难看出这种技术美学观念的生态转变。

（2）技术与经济和谐：技术与经济和谐体现了功利之美。功利美源于功利主义（Utilitarianism），也即效益主义，是道德哲学中的一个理论，提倡追求"最大幸福"（Maximum Happiness）。就运用技术取得经济和谐而言，这种和谐还包括宏观的技术政策、主流的技术实践和落后地区自发的技术经验积累，总体而言，技术与经济的和谐之美表现得极为广泛。功利美认为，虚假的技术形式对资源不合理的消耗将损害人类社会发展的长远和根本利益，违背自然资源的代谢规律，使未来人类的需求出现危机，建筑形式也不可能发展下去。所以，一方面要积极地引入人类先进的科学技术到建筑领域，成为实现新建筑形式的建筑技术力量，另一方面还要以一种科学理性的态度确定建筑形式的健康积极的发展方向。

与经济的和谐之美体现在技术与经济的关联中，这种表现就整体技术行业而言，建筑创作与宏观整体经济技术环境密切相关，比如，混凝土技术从国外传入我国时，这种劳动密集型技术迅速被接纳和普及，成为我国的主流结构技术。而发达国家正好相反，混凝土技术由于周期、劳力等问题反而应用较少，清水混凝土成为昂贵的象征和特殊手段。从经济和谐的角度讲，混凝土技术是适合我国的"和谐美"的技术；钢结构虽然有环保、循环利用等诸多的优点，但是从经济角度讲，暂时不适合在我国大量普及应用。由此可见，建筑师在创作中，会在技术与经济之间进行协调取舍，既要符合技术进步的要求，也要适合本地的技术水平，同时也不能一味地作"经济决定论"。

相比之下，高技术、高成本的投入，可以获得高品质的环境和较高的生态效益。但是，往往存在一个"度"的问题。技术与经济的和谐美体现为对经济效率手段的优选，例如，消耗与设计初衷不符的资源来实现新奇的建筑形式，从技术与经济的角度来讲就产生了不和谐美。相反，如果采用适合的技术与做到经济节约，也可以取得相似或相近的空间形态效果，则体现为技术的和谐美。比如，芝加哥约翰·汉考克中心，突破性地将有斜撑的桁架用在四周的外墙上，其受力体系就是利用 X 形的斜撑和四周的筒体墙面承受水平荷载，框架负担垂直重力。不仅体现了力学美学价值，而且带来了巨大的经济效益。其用钢量很少，只有 $145kg/m^2$，比采用钢框架承重的纽约帝国大厦用钢量 $206kg/m^2$，几乎少了 $1/3$，是运用技术与经济效益结合得很好的例子，可以被看做是技术与经济和谐美感的经典之作。

整体上看，建筑的产生和发展取决于三项前提条件：人类对建筑的各种需求，这是根本的动因；人类的知识和创造能力，这是主要的动力；自然资源、自然力的存在，这是客观物质前提和约束条件。因此，技术是一个很中性的问题，其自身并无主观的倾向，说到底还是人如何运用技术的主观倾向。悉尼歌剧院虽然现在已经成为了澳洲的标志，并吸引了无数朝拜它的人群，但是它采用了与薄壳形式不符的结构技术，其空间形式也与歌剧院需要的声学空间相差甚远；消耗了当时大量的资源来建造，这里，技术与经济并不和谐。有些标志性建筑也许能够被建造起来，但是它们只能成为个别的建筑形式，不能够代表建筑主流形式发展的方向，也不会对人类总体的建筑技术进程发生大的影响。

（3）技术与社会和谐：社会和谐是人类技术与社会进步关系的客观法则。归根结底，人是社会中的人，技术为人所用，技术体现出更加有益于构建社会和谐的伦理之美。

技术与社会和谐，不仅仅是建筑形态上的视觉感知，更是一种处于人类自身社会的整体和谐发展的态度。意大利文艺复兴时期著名的建筑理论家阿尔伯蒂在1485年出版的《论建筑》中说过"你的全部心思，努力和牺牲都应该用于使你建造的无论什么东西都不仅有用和方便，而且还要打扮得漂亮，看起来快活"。埃及的金字塔、太阳神庙，希腊的雅典卫城、哥特式教堂等，这些建筑体现出了雄伟高耸的壮美，但都是为统治阶级服务的，严格地遵循着封建的社会伦理。技术严格地区分着上下、内外等伦理差别。这种美并不是大多数人能够平等享受的美，在民主思想已经深入人心的今天，这种带有明显的等级欺压性的建筑风格已经很难真正满足大多数人的心理需求，无法给大多数人带来精神上真正的愉悦，也就是无法达到人与社会和谐的真正目的。那种类似于恐龙式的"厚重"建筑在某些有强烈政治意味的建筑中，体现的是社会目的对建筑的需要，并不是人的真正需要。

古代的材料技术及其运用存在着明显的等级：黄金、铜、大理石等明显是高等级的材料，受到教会贵族的偏爱，在中国更是有官式建筑的技术等级；现代主义时期，白墙则体现了民主平等的意识形态；预制化、装配式的技术体现了现代主义注重的公平、效率；当代多元的材料，体现了波普、娱乐、传媒等大众文化的混合精神。技术表现的不同运用，体现了不同社会形态的不同的伦理意识，构建技术的社会大众和谐是社会发展进步的表现。

建筑师沉迷于表面化的形式游戏和肤浅的拿来主义的时代已经过去，当今更注重对技术进步的实质性掌握。除了积极了解应用高新技术，跟上社会各领域的节奏与步伐，建筑师更加迫切需要的是建立正确的"技术价值观"。美国学者德尼·古莱指出：发展的核心问题，就是"美好生活、公正社会以及人类群体与大自然的问题"，"发展就是提升一切个人和一切社会的全面人性"，"发展的真正任务在于：取消经济的、社会的、政治的和技术的一切异化"[107]……

对未来建筑技术的走向有种种说法，有人预测了出现一种专门设计的多功能集成材料，由它开始大规模地建造房屋；有人设想了类似一种"激光"的非物质材料，可以做到隔绝外界、冬暖夏凉；还有人断言，未来将是一个回归原始的世界，主要用泥土和木材建造房屋……从目前建筑技术的发展倾向来看，这些愿望都会接踵而来。厚实的砌筑墙壁和单薄的智能表皮，两者的拥护者都把它看做未来低能耗建筑的发展途径。

技术产生于人，人来自于自然，却形成了社会。对于技术与社会的关系既不应单纯地以自然环境为目标，也不应以文化系统为唯一，而是应从整体社会的角度，站在发展的高度，以技术与社会整体和谐为目标，以"和谐—自然"为根本，以"和谐—经济"为发展动力，以"和谐—社会"为理想，明确地以"和谐"为发展思想。注重永续发展的和谐之美是基于"生态纪"发展观之基础上的，其内涵在于只有形成一幢幢的"和谐建筑"，才会形成"和谐环境"，才能形成"人与社会"的和谐发展。

5.4　本 章 小 结

本章中提出了建筑创作中技术的"真、善、美"倾向。

首先，在技术表现求真倾向中，从材料表现求真、构造表现求真和结构表现求真三个层面，架构了技术求真的创作轮廓。在材料表现求真的创作中提出了：表达材料自然本性的真实感、强调加工过程的真实性和拓展与工艺结合的真实性；在构造表现求真的创作中提出了：覆层构造的连接真实、传力构造的交接真实和装饰构造的强化真实；在结构表现求真的创作中提出了：结构整体暴露的真实表现和结构局部暴露的真实表现。

其次，在技术本质至善倾向中，从材料使用至善、构造逻辑至善和结构效能至善三个层面，架构了技术求真的创作框架。在材料使用至善的创作中，提出了改善材料的耐用性、重视材料的实用性和拓展材料的利用性；在构造逻辑至善的创作中，提出了构造节点的力学逻辑至善和构造节点的安全逻辑至善；在结构效能至善的创作中，提出了合理优化的结构效能和少占多让的空间效能。

最后，在技术发展趋美倾向中，从凸显力学特征的抽象美、蕴涵技术文化的内涵美和注重永续发展的和谐美三个层面，架构了技术趋美的创作视角。在凸显力学特征的抽象美的创作中，提出了模仿自然的抽象美、再现动感的抽象美和隐喻人体的抽象美；在蕴涵技术文化的内涵美的创作中，提出了注重结合地域的内涵美、注重表达历史的内涵美和崇尚人文关怀的内涵美；在注重永续发展的和谐美的创作中，提出了技术与自然和谐之美、技术与经济和谐之美、技术与社会和谐之美。

展　望

技术飞速发展对建筑学领域的影响非常巨大。当代建筑的复杂现象，一下子让人无法分辨主义、流派、思潮……很多瞬间吸引眼球的建筑，往往更是形式作为主导变化的，对建筑的实质推进和影响是极其有限的；机器美学、高技派的出现虽然始于功能理性的技术实践，但是本质上仍带有形式表现主义的成分；生态绿色技术注重环境的可持续发展，但是过多地负载了自然科学的实用价值，在技术内化的同时，容易忽视建筑作为历史现象的本质，易导致创作缺乏整体的文化厚度。

本文正是基于这一时代背景，从技术的历史向度与当代的表现维度入手展开研究的。技术不仅仅是自身本体领域内的自然科学研究，更是涉及社会、经济、文化等人文科学的命题。因此，需要以建筑本体技术研究为背景，将建筑创作中的技术构思强化为技术观念，并上升到应有的地位。通过对建筑的技术脉络、技术特征、技术表现和技术倾向等问题的研究，挖掘技术手段与建筑创作之间本质的关系，从而扎实地拓展建筑创作视野，拓宽建筑创作途径。

本文认为，正确的技术观会对创作发展产生"质"的推进。于内，扎根建筑本体性的研究，从建筑的建造过程和组成要素的技术角度出发运用并表现技术；于外，综合考虑技术与自然、地域和文化的关系，并内化到建筑中来，唯有如此，才能真正实现技术的内外和谐，从而走向诗意的建造。挖掘内涵与拓展外延，有助于建立一种整体的技术视野，可以更好地体现技术的自然科学价值和社会人文价值，从而在纷繁复杂的当代建筑现象中不会迷失，进一步形成对建筑创作更为全面的技术观念。建筑师应当树立一种整体综合的建筑技术观，更自觉地以科学的态度和人文的精神，践行技术的真正使命，达到生态、和谐、永续的理想境界。

通过本文的研究得到如下创新性观点：

第一，建立了建筑创作技术观的历史研究框架。首次以分阶段的视角来研究建筑史中的技术问题，将其划分为缓慢产生阶段、变革推动阶段、和谐复归阶段三个阶段。对每个阶段中技术本体发展和与建筑之间的关联两个层面进行了历时性剖析。其中，分别针对缓慢产生阶段、变革推动阶段、和谐复归阶段，提出了以制约为主导的关系、以推动为主导的关系与以和谐为主导的关系三个阶段观点。

第二，提出了研究建筑创作技术观的切入视角：明确提出从材料、构造和结构三方面入手的研究模式。

第三，揭示了建筑创作技术观的技术本质特征。研究以历史的线索向度和当代的表现维度作为宏观视角，明确地提出了在建筑创作中技术对建筑具有的驱动性特征、支撑性特征和完善性特征。

第四，明晰了建筑创作技术观的当代认知框架。研究通过对当代建筑中不同的技术思想与观念取向进行纵横梳理，提出了三种存在的技术表现形式：低技术表现、高技术表现和生态化表现，并剖析了产生根源及其发展趋向。

第五，提出了建筑创作技术观的技术策略倾向。研究以价值论为理论依据，提出了技术在建筑创作中的求真、至善、趋美的三种应该倡导的发展方向，其中求真是技术在表现层面的意识，至善是技术在本质层面的需要，趋美是技术在发展层面的理想。

本文的研究着重于建筑创作中的技术观念，关注的是技术创作的过程以及实践方法，因此得出的结论也主要是与创作有关的技术结论，并不是宏观的技术系统研究。由于技术的发展要受到社会、经济等多方面制约，同时技术主体也受到历史、文化的影响，因此，建筑创作中的技术观念会因特定的地域、特定的历史时期而产生变化。本文目前的研究成果是基于新时代的发展要求以及当前的文化背景，虽然已结合了历史发展的前期结论，但难免还会有有失全面之处，鉴于兴趣所致，本人会在接续的工作中继续深化研究这一课题，并希望能在实践中予以验证。在此，仅以此阶段性的成果作为今后努力之鞭策，也期望能为建筑创作的蓬勃发展提供一己拙见。

参 考 文 献

[1] 刘先觉. 密斯·凡·德·罗 [M]. 北京：中国建筑工业出版社，1992.

[2] 吴焕加. 现代西方建筑 [M]. 北京：中国建筑工业出版社，1997：168.

[3] (英) 维基·理查森著. 历史视野中的乡土建筑 [J]. 吴晓译. 建筑师，124：38.

[4] (意) P·L·奈尔维. 建筑的艺术与技术 [M]. 黄运升译. 北京：中国建筑工业出版社，1987：2-4.

[5] 刘育东. 建筑的含义 [M]. 天津：百花文艺出版社，2006.

[6] 杨沛霆等. 科学技术论 [M]. 杭州：浙江教育出版社，1985：98-101.

[7] 张燕翔. 当代科技艺术 [M]. 北京：科学出版社，2007：60-70.

[8] 冯黎明. 技术文明语境中的现代主义艺术 [M]. 北京：中国社会科学出版社，2003：1.

[9] http：//www. image. baidu. com. cn.

[10] 大师丛书编辑部. 伦佐·皮亚诺的作品与思想 [M]. 北京：中国电力出版社，2006：73，11，48.

[11] 钱学森. 关于思维科学 [M]. 上海：上海人民出版社，1986.

[12] 吴良铺. 广义建筑学 [M]. 北京：清华大学出版社，1989：62.

[13] 中国建筑学会. 北京宪章 [M]. 北京：清华大学出版社，1999：62.

[14] 陈昌曙. 技术哲学引论 [M]. 北京：科学出版社，1999：95.

[15] 高静. 建筑技术文化的研究 [D]. 西安：西安建筑科技大学学位本文，2005：42，34.

[16] 秦佑国. 建筑技术概论 [J]. 建筑学报. 2002 (7)：4.

[17] 张利. 谈一种综合的建筑技术观 [J]. 建筑学报，2002 (1)：52.

[18] 俞传飞. 数字化信息集成下的建筑设计与建造 [M]. 北京：中国建筑工业出版社，2008：30.

[19] (英) 帕瑞克·纽金斯. 世界建筑艺术史 [M]. 顾孟潮等译. 合肥：安徽科学技术出版社，1988：3.

[20] 世界文化遗产网 http：//www. wchol. com/index. html.

[21] (英) 理查德·韦斯顿. 材料形式和建筑. 范肃宁等译. 北京：中国水利水电出版社，2005：24，19，8，224.

[22] 刘晓晖，覃琳. 形式追随诗兴的技术 [J]. 建筑师，2006，122 (8)：81.

[23] 郑时龄. 建筑批评学 [M]. 北京：中国建筑工业出版社，2001：270.

[24] 张仲强. 木结构建筑 [J]. 世界建筑，2002 (9)：17.

[25] (美) 肯尼思·弗兰姆普敦. 现代建筑：一部批判的历史 [M]. 张钦楠等译. 北京：中国建筑工业出版社，2004：22.

[26] 褚瑞基. 建筑与科技 [M]. 台北：田园城市文化事业有限公司，2002：47.

[27] (意) 布鲁诺·赛维. 现代建筑语言 [M]. 席云平等译. 北京：中国建筑工业出版社，2005：141，56.

[28] (美) 克里斯·亚伯著. 建筑与个性对文化和技术变化的回应 [M]. 张磊等译. 北京：中国建筑工业出版社，2004：30.

[29] (美) 艾里克·麦克卢汉. 麦克卢汉精粹 [M]. 秦格龙编. 南京：南京大学出版社，2000：4.

[30] 自由建筑论坛 http：//www. abbs. com. cn.

[31] 艺术设计论坛 http：//www. Cgercn. com. cn.

［32］（美）克里斯·亚伯著．建筑与个性对文化和技术变化的回应［M］．张磊等译．北京：中国建筑工业出版社，2004.

［33］（英）彼得·绍拉帕耶．当代建筑与数字化设计［M］．吴晓等译．北京：中国建筑工业出版社，2007：90.

［34］金光裕等．台湾建筑玻璃专辑［M］．台北：美兆文化事业股份有限公司，2005：12.

［35］http：//www. elcroqui. org. 2006.

［36］http：//www. Chicago Architecture. into.

［37］柯毅．砌筑之美［M］．北京：中央美术学院硕士学位论文，2004.

［38］（匈）久洛·谢拜什．新建筑与新技术［M］．北京：中国建筑工业出版社，2003：53.

［39］（英）帕瑞克·纽金斯．世界建筑艺术史［M］．顾孟潮等译．合肥：安徽科学技术出版社，1988：118.

［40］Adof Loos. Ladis Fashion［M］// Adof Loos. Spoken into the Viod：Collected Essays 1897-1900. Jane O. Newman，John H. Smith trans. Cambridge：The MIT Press，1982：99-103，100.

［41］Adof Loos. The Principle of Cladding［M］//Adof Loos. Spoken into the Viod：Collected Essays 1897-1900. Jane O. Newman，John H. Smith trans. Cambridge：The MIT Press，1982：66-68，66.

［42］王受之．世界现代建筑史［M］．北京：中国建筑工业出版社，2008：403.

［43］方立新等．结构非线性设计与建筑创新［J］．建筑学报，2005（1）：49.

［44］http：//www. dlgallery. com. cn/paris/balifengguang6. htm.

［45］大师丛书编辑部．弗兰克·盖里的作品与思想［M］．北京：中国电力出版社，2006：98，71.

［46］余谋昌，王耀先．环境伦理学［M］．北京：高等教育出版社，2006：343.

［47］http：//www. techweb. com. cn.

［48］Steven Feld，Keith H. Basso. Senses of Place［M］．Santa Fe：School of American Research Press，1996：84.

［49］（美）大卫·吉森．迈向21世纪的永续建筑［M］．吕奕欣译．台北：木马文化事业股份有限公司，2005：143，142.

［50］李保峰．生态技术和诗意的表达——格里姆肖的创作之路［J］．世界建筑，2002（1）：62.

［51］超级纸屋——日本馆［J］．世界建筑，2000（11）：26.

［52］吴良镛．北京宪章［Z］．1999.

［53］大卫·吉森．迈向21世纪的永续建筑［M］．吕奕欣译．台北：木马文化事业股份有限公司，2005：38.

［54］（美）肯尼思·弗兰姆普敦．建构文化研究［M］．王骏阳译．北京：中国建筑工业出版社，2007：8.

［55］李大夏．路易斯·康［M］．北京：中国建筑工业出版社，1993.

［56］Richard Saul Wurman. What Will Be Has Alwas Been［M］//The Words of Louis Kahn［M］．New York：Rozzoli，1986：30.

［57］支文军等．重塑场所——马里奥·博塔的宗教建筑评析［J］．世界建筑，2001（9）：28.

［58］（美）James Steele 著．永续建筑原则典范案例研究［M］．王文安译．台北：六合出版社，2005：12.

［59］Wright Frank Lioyd：Writings and Buidings［M］：215-216.

［60］王受之．世界现代建筑史［M］．北京：中国建筑工业出版社，2008：414.

［61］赵恒博著．查尔斯·柯里亚——世界顶级建筑大师［M］．北京：中国建筑工业出版社，2006.

［62］黄健敏编．建筑桂冠普利茨克建筑大师［M］．北京：三联书店，2006：17.

［63］Toyo Ilo. Blurrinn Architecture［Z］．M. Charta，Milan 2000.

［64］大师丛书编辑部．诺曼·福斯特的作品与思想［M］．北京：中国电力出版社，2006．

［65］戴复东．为人的高层超高层建筑［J］．城市建筑，2008（10）：8．

［66］（英）马丁·波利．诺曼·福斯特：世界性的建筑［M］．刘亦昕译．北京：中国建筑工业出版社，2004．

［67］极客社区 http：//geek. techweb. com. cn．

［68］信息时报，2007-05-28．

［69］张祖钢，陈衍庆．建筑技术新论［M］．北京：中国建筑工业出版社，2007．

［70］宋晔皓．生态建筑设计需要建立整体生态建筑观［J］．建筑学报，2001（11）：16-19．

［71］筑龙图片资料 http：//photo. zhulong. com/proj/detail11879. htm．

［72］谢士涛．通风节能环保幕墙［J］．建筑学报，2002（7）：30．

［73］孙喆．关注表皮托马斯·赫尔佐格与赫尔佐格＆德梅隆的建筑表皮设计手法之比较［J］．建筑师，2004，110（8）：42．

［74］卢求．德国绿色建筑典范——维多利亚保险公司总部大楼［J］．世界建筑，2002（7）：30．

［75］弗朗切斯科·达尔科．曼弗雷多·塔夫里．现代建筑［M］．刘先觉等译．北京：中国建筑工业出版社，2000．

［76］史永高．材料呈现［M］．南京：东南大学出版社，2008：129．

［77］（英）罗宾·米德尔顿．戴维·沃特金．新古典主义与19世纪建筑［M］．邹晓玲等译．北京：中国建筑工业出版社，2000：5．

［78］周榕．异度空间［J］．建筑师，2003，105（10）：59．

［79］汉诺·沃尔特·克鲁夫特．建筑理论史从维特鲁威到现在［M］．王贵祥译．北京：中国建筑工业出版社，2005．

［80］董豫赣．极少主义：绘画雕塑文学建筑［M］．北京：中国建筑工业出版社，2003：52．

［81］Peter Zumthor. Peter Zumthor Works Buildings and Projects 1979-1997［M］．Birkhauser，1999．

［82］迷宫．瑞士展馆［J］．世界建筑，2000（11）：34．

［83］安藤忠雄．光·材料·空间［J］．许愚彦译．世界建筑，2001（2）．

［84］Mirko Zadinit，Tatao Ando. Rokko Housing［M］．Milan：Electa/ Casabella，1986：61．

［85］Frank Lioyd Wright，IV. The Architect and the Machine［M］//In the Cause of Architecture：145-148．

［86］Michael Benedikt. For an Architecture of Reality［M］．New York：Lumen Press，1988．

［87］索健，孔宇航．诗意的建构，精致的表皮——瑞士建筑家赫尔佐格和德梅隆建筑作品解读［J］．华中建筑．2002，（3）：11-13．

［88］张华．当代计算机科技艺术［M］．北京：机械工业出版社，2007：34-35．

［89］大师丛书编辑部．瑞姆·库哈斯的作品与思想［M］．北京：中国电力出版社，2004．

［90］李华东．高技术生态建筑［M］．天津：天津大学出版社，2002：15．

［91］程雅璐．从膜结构建筑看建筑技术和艺术的结合［M］．长沙：湖南大学硕士学位本文，2004：8．

［92］丁格菲，邹广天．普利茨克奖获得者材料应用创新探析［J］．新建筑，2007（5）：112．

［93］M. 之波奇迹［J］．世界建筑，2002（9）：47．

［94］（荷）亚历山大·佐尼斯．圣地亚哥·卡拉特拉瓦［M］．大连：大连理工大学出版社，2005．

［95］潘娟．玻璃砖的建造技术［J］．世界建筑，2004（4）：83．

［96］仙台媒体中心．伊东丰雄访谈录［J］．建筑细部，2002（1）：15-18．

［97］从仙台媒体中心看建筑师与工程师的合作［J］．建筑师：123．

［98］谢旭．现代钢结构技术在建筑创作中的艺术表达［D］．上海：同济大学硕士学位本文，2001．

［99］里斯本东方车站［J］．世界建筑，2001（11）：42-43．

［100］巴伦西亚科学城［J］.世界建筑，2001（11）：47-51.

［101］（英）罗杰·斯克鲁顿.建筑美学［M］.北京：中国建筑工业出版社，2003：18.

［102］Richard C. Ievene，Fernando Marquez Cecilia.圣地亚哥·卡拉特拉瓦作品集［M］.刘航译.台北：圣文书局股份有限公司，1996.

［103］Alexander Tzonis，Santiago Calatrava. The Poetics of Movement［M］. New York：Universe Publishing，1999：41.

［104］Norman Foster，Frederick Baker，Deborah Lipstadt. Reichstag Graffiti Jovis，15 September，2002.

［105］（日）安藤忠雄.建筑师的20岁［M］.王静，王建国译.北京：清华大学出版社，2006：179.

［106］（挪）克里斯蒂安·诺伯格-舒尔茨.西方建筑的意义［M］.李路珂.北京：中国建筑工业出版社，2005：8.

［107］（匈）欧文·拉兹洛.人类的内在限度——对当今价值、文化和政治的异端的反思［M］.黄觉，闵家胤译.北京：社会科学文献出版社，2004：226.

［108］Kenneth Frampton. Studies in Tectonic. Culture［M］. MIT Press，1996.

［109］Kenneth Frampton. Modern Architecture—A Critical History［M］. London：Thames and Hudson Ltd.，1980.

［110］Alan Blanc，Michael McEvoy，Roger Plank. Architecture and Construction in Steel［M］. London：E&FN Spon，an imprint of Chapman&Hall，1993.

［111］James Strike. Construction into Design—The Influence of New Methods of Construction on Architectural Design 1690-1990［M］. London：Butterworth-Heinermann Ltd.，1991.

［112］Peter Carter. Mies van der Rohn at Work［M］. London：Phaidon，1999.

［113］Werner Blaser. West Meets East：Mies van der Rohe［M］. Basel，Switzerland，Boston，Mass：Birkhauser-Publishers for Architecture，2001.

［114］Josep Quetglas. Fear of Glass：Mies van der. Rohe's Pavilion in Barcelona［M］. Basel，Boston：Birkhauser-Publishers for Architecture，2001.

［115］德累斯顿犹太教教堂.德国［J］.世界建筑，2005（12）.

［116］Willy Boesiger. Le Corbusier et Pierce Jeanneret：Oeuvre Complete de 1934—1938［M］. Zurich：Les Editions D'architecture，1995.

［117］Herzog，de Meuron. Herzog&de Meuron（1978—1988，1989—1991，1992—1996）［M］. Basel：Birkhaeuser Verlag，1996.

［118］Renzo Piano. Renzo Piano and Building Workshop：Buildings and Projects，1971—1989［M］. New York：Rizzoli，1989.

［119］项秉仁.赖特［M］.北京：中国建筑工业出版社，1992.

［120］沈克宁.建筑现象学［M］.北京：中国建筑工业出版社，2008.

［121］英格伯格·弗拉格等.托马斯·赫尔佐格.建筑+技术［M］.李保峰译.北京：中国建筑工业出版社，2003.

［122］（英）彼得·柯林斯.现代建筑设计思想的演变［M］.英若聪译.第二版.北京：中国建筑工业出版社，2003.

［123］Buchanan Peter. Renzo Piano Building Workshop：Complete Works［M］. London：Phaidon Press，1993.

［124］Norman Foster. Norman Foster：Selected and Current Works of Foster and Partners. Mulgrave，Vic.：Images Publishing，1997.

［125］Powell Ken. Richard Rogers：Complete Works［M］. London：Phaidon，1999.

［126］Alexander Tzonis. Santiago Calatrava：The Poetics of Movement［M］. London：Thames& Hudson，1999.

［127］Schock Hans-Joachim. Soft Shells：Design and Technology of Tensile Architecture［M］. Birkhäuser，1997.

［128］伊东丰雄建筑设计事务所. 建筑的非线性设计——从仙台到欧洲［M］. 慕春暖译. 北京：中国建筑工业出版社，2005.

［129］Rice P. , Dutton H. Structural Glass［M］. E & FN Spon，1995.

［130］Wigginton Micheal. Glas in der Architektur［Z］. Deutsche Verlags-Anstalt，1997.

［131］High Performance Concrete［Z］. CEB Bulletin d'lnformation，1995.

［132］Nawy Edward G. Fundamentals of High Strength High Performance Concrete［Z］. Longman，1996.

［133］Hall C. Polymer Materials［Z］. Macmillan Education，1989.

［134］Margolis James M. Engineering Thermoplastics：Properties and Applications［Z］. Marcel Dekker Inc. ，1985.

［135］FIP. Recommendations［Z］. Design of Thin-Walled Units，1998.

［136］Montella Ralph. Plastics in Architecture：A Guide to Acrylic and Polycarbonate［Z］. Marcel Dekker Inc. ，1985.

［137］Sebestyen Gyula. Construction：Craft to Industry［M］. E & FN Spon，1998.

［138］Stathopoulos Th. Wind Loads on Low Buildings：Research and Progress，Focus［J］. A Journal of Contemporary Wood Engineering，2000（3）18-24.

［139］Stungo Naomi. The New Wood Architecture［M］. Calmann & King/Laurence King Publishing，1998.

［140］Blanc A. ，McEvoy M. ，Plank R. ，eds. Architecture and Construction in Steel［M］. E & FN Spon，1993.

［141］Chan S. L. ，Teng J. G. Advances in Steel Structures［J］. Elsevier，1999.

［142］Eggen Ame Petten，Sandaker Bjom 'Normann. Stahl in der Architektur：Konstruktive und Gestalterische Verwendung［M］. Deutsche Verlags-Anstalt，1996.

［143］Oliver M. S. ，Albon J. M. ，Garner N. K. Coated Metal Roofing and Cladding［Z］. British Board of Agreement，1997.

［144］汪丽君. 广义建筑类型学研究［D］. 天津：天津大学博士学位本文，2002.

［145］（德）海诺·恩格尔. 结构体系与建筑造型［M］. 林昌明，罗时玮译. 天津：天津大学出版社，2002.

［146］Zahner William L. Architectural Metals：A Guide to Selection，Specification and Performance［M］. John Wiley & Sons Inc. ，1995.

［147］Button D. ，et al. Glass in Building［J］. Butterworth Architecture，1993.

［148］Compagno Andrea. Intelligent Glass Fafades［J］. Artemis，1995.

［149］King Carol Soucek. Designing with Glass：The Creative Touch［M］. PBC International Inc. ，1996.

［150］Bianchina Paul. Builder's Guide to New Materials and Techniques［M］. McGraw Hill，1997.

［151］Newman Alexander. Metal Building Systems：Design and Specification［M］. McGraw-Hill，1997.

［152］Buchanan Andrew H. Fire Performance of Timber Construction［J］. Structural Engineering and Materials，2000（6-9）：78-89.

致　　谢

　　这部书稿是在我博士论文的基础上修撰完成的。感谢我的导师张伶伶教授，老师几十年的建筑教育和创作实践的沉淀，让本书有了坚实的基础和论述高度，感谢他在本书撰写中付出的大量心血。

　　感谢天作建筑研究院。十年的硕博求学之路，让我积累沉淀、收获信念。

　　感谢哈尔滨工业大学梅洪元教授、金虹教授，对本书出版的资助与鼓励。感谢中国建筑工业出版社陆新之主任、许顺法编辑的全力帮助。

　　建筑技术一直都是建筑领域备受关注的问题。建筑师需要不断地补充技术方面的储备和保持知识更新。建筑技术日新月异，因此对建筑技术教育提出了更高的要求。我感谢一直默默耕耘在建筑技术教育第一线的同事们，你们的奉献精神、严谨作风、乐观态度，使我深受鼓舞，将是我继续前行的动力。

黄锰

2012 年 5 月 1 日

写于哈尔滨黄河路博士公寓 208 室